垂直流人工湿地
处理城市初期雨水径流试验研究

Experimental Study on the Vertical Flow Constructed Wetland
in Treating First-Flush from Urban Area

陈要平 著

中国科学技术大学出版社

内 容 简 介

　　源自城市不透水下垫面的雨水径流是城市面源污染的重要贡献者,本书以基于自然的解决方案理念为指导,设计了一套融合前处理环节的半饱和垂直流人工湿地,开展初期雨水径流的处理研究。处理对象为从某地柏油路面收集的初期径流,基于实验室小试试验、中试试验和原位试验,全面评价了不同基质材料的处理性能、湿地植物生长状况、堵塞物质的分布、湿地建造成本以及运行中的能量消耗,研究成果可为海绵城市建设和低影响开发技术的发展提供有益参考。

图书在版编目(CIP)数据

　　垂直流人工湿地处理城市初期雨水径流试验研究 / 陈要平著. -- 合肥：中国科学技术大学出版社,2024.11. -- ISBN 978-7-312-06016-8

　　Ⅰ. X522

　　中国国家版本馆 CIP 数据核字第 2024Q9P401 号

垂直流人工湿地处理城市初期雨水径流试验研究
CHUIZHILIU RENGONG SHIDI CHULI CHENGSHI CHUQI YUSHUI JINGLIU SHIYAN YANJIU

出版	中国科学技术大学出版社
	安徽省合肥市金寨路 96 号,230026
	http://press.ustc.edu.cn
	https://zgkxjsdxcbs.tmall.com
印刷	安徽省瑞隆印务有限公司
发行	中国科学技术大学出版社
开本	710 mm×1000 mm　1/16
印张	10.75
字数	217 千
版次	2024 年 11 月第 1 版
印次	2024 年 11 月第 1 次印刷
定价	60.00 元

前　　言

随着经济社会的发展,城市规模不断扩张,道路、停车场、广场、建筑物等不透水下垫面持续增加。当有降雨发生时,这些不透水下垫面积累的污染物,在地面径流的裹挟下进入周边水体,对环境产生危害,即城市面源污染。因降雨在时间和空间上发生的不确定性,不同降雨事件引发的径流问题在水量、水质上表现出明显的差异性。即使对于同一降雨事件,径流量、污染物浓度在前后期径流中的分布差别也非常显著。其中,初期径流承载了大部分的污染物,其浓度甚至超过城市生活污水,即初期雨水现象。基于雨水径流污染的高变异性,如使用传统的城市污水处理厂对其进行净化处理,势必将对污水厂的运行带来很大的冲击。因此,创新径流处理手段,开发分散式、生态型、低成本的径流处理技术,就显得非常有必要。

根据暴雨径流的初期雨水现象特征,遵循基于自然的解决方案理念(Nature-based Solutions,NbS),并考虑到城区可用土地资源的稀缺性和景观需求,本书设计了一种空间集约利用的垂直流人工湿地,尝试对初期雨水径流进行收集和净化处理。该系统包括一个前处理沉淀池和一个半饱和垂直流湿地床,前处理池通过重力沉淀捕获初期雨水径流中的较大颗粒物及其附着的污染物,湿地床以过滤和生物化学作用去除细微颗粒物和溶解性污染物。湿地水位维持在主体基质的中间部位,把湿地等分为非饱和、饱和区域,一是可以提供联立的厌氧和好氧环境,促进污染物的去除,二是可以在非降雨期为湿地植物的生长提供支持,以发挥其景观价值和在污染物去除中的作用。

湿地系统使用从沥青公路收集的真实的初期雨水径流开展试验,整个试验周期包括三个阶段:一是为期四个月(7月中旬至11月中旬)的实验室柱状湿地小试试验,二是为期五个多月(5月下旬至11月初)的中试试验,三是开展了原位试验的设计安装与调试。小试试验主要评估四种基质的吸附能力和污染物去除性能,初步分析植物在不同基质中生长的适宜性,以及堵塞物质在基质中的分布,并对湿地建造的经济成本和荷载进行计算分析。中试试验进一步评估前处理池和湿地床的处理性能,从物质平衡的角度分析污染物的转化归趋途径,分层测量堵塞物质的分布,为湿地运行寿命的预测提供依据,并对湿地运行的能量需求进行估算。原位试验进行湿地结构的设计优化与安装调试,通过在真实场景下的应用,进一步测试装置的运行性能和实用价值。

本书由安徽理工大学地球与环境学院陈要平副教授撰写完成,韩国韩瑞大学 Kim Youngchul 教授和韩国国立公州大学 Kim Lee-Hyung 教授为研究方案的制定和试验的实施提供了精心的指导,课题组成员 Kisoo Park、牛司平、Heidi B. Guerra、程靖、袁庆科等为研究的执行提供了积极的协助。本书出版过程中,安徽理工大学张丽娜、孙佳浩、方帆等为书稿的校对、绘图、编排等提供了很多重要的支持。

本研究的实施获得韩国环境部 Eco-Innovation 项目"Development of innovative and biological wetland equipped with internal recirculation in dry days for treating stormwater from paved area"的支持,本书的出版得到 2018 年安徽省留学人员创新项目择优资助计划重点项目、中国水利水电科学研究院流域水循环模拟与调控国家重点实验室开放研究基金(IWHR-SKL-KF202102)和矿井水害综合防治煤炭行业工程研究中心开放基金(2022-CIERC-01)等的支持,在此一并表示深深的感谢!

由于作者水平所限,书中难免存在一些不足之处,敬请读者批评指正!

陈要平

2024 年 2 月

目　　录

第 1 章 引 言

1.1 研 究 背 景

1.1.1 径流污染与初期雨水

源自城市不透水下垫面(如沥青或水泥道路、停车场、广场等硬化地面)的雨水径流,含有多种类别的污染物,已被公认为是面源污染的重要贡献者。城市雨水径流中的污染物主要包括营养物质、重金属、碳氢化合物和大肠菌群等(Scholz et al.,1998;Scholz,2004),其浓度大小取决于所处地理位置、下垫面类型、道路交通情况、径流过程和发生频率以及污染物的物理化学形态。

降雨期间,雨水径流冲刷城市下垫面,携带污染物质进入受纳水体,造成水质的恶化。不同于传统的生活污水(水质、水量相对稳定),雨水径流在水质和水量方面都具有高度的不确定性和不稳定性,并且为降雨事件的发生所驱动,如图 1.1 所示。因此,雨水径流处理系统必须能够适应这种特征。

雨水径流产生污染的另外一个重要特征是初期雨水现象,即初期径流中污染物的浓度和总量要明显高于后期径流(Ma et al.,2002;Sansalone et al.,2004),如图 1.2 和图 1.3 所示。该特征为雨水径流最优化管理设施的设计提供了一个契机,即可以通过提升初期雨水的去除率,使设施的运行更加有效。

1.1.2 雨水径流处理技术

一些传统的污水处理技术已被尝试应用于对雨水径流的处理,然而,它们大多因为不具有成本效益或结构过于复杂,而不适合用于对雨水径流的处理。

人工湿地技术是一种可持续的雨水径流处理技术,也是雨水径流最优化管理实践的一种方法。相对于传统的集中式污水处理系统,人工湿地技术已被证明在施工、管理维护和节能方面更为经济有效(Kadlec et al.,2000;Scholz et al.,

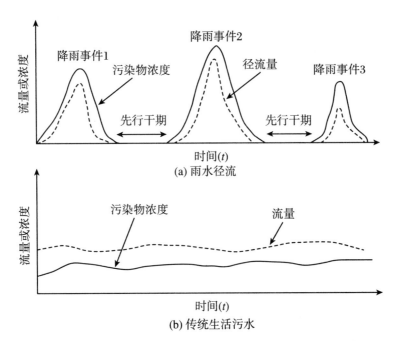

(a) 雨水径流

(b) 传统生活污水

图 1.1   雨水径流和传统生活污水在水量和水质方面的差异性

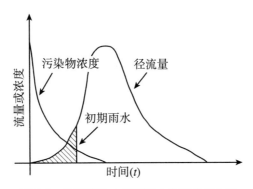

图 1.2   降雨事件中初期雨水的形成与分布

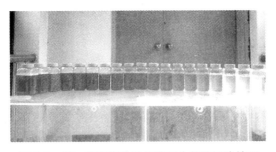

图 1.3   某一降雨事件的初期雨水径流污染情况

2005)。同时,人工湿地还能够增强生物的多样性,并且其处理性能不易受到进水负荷率变化的影响(Cooper et al.,1996;Scholz et al.,2004)。

垂直潜流湿地是人工湿地的一种类型,对于土地空间受限的城市化地区来说,它是一种空间利用集约的技术。对于一个典型的垂直潜流湿地系统,其结构包括一个用于对入水进行前处理的沉淀池和一个垂直潜流湿地床(Brix et al.,2005)。

与标准的水平潜流湿地相比较,垂直潜流湿地一般采用间歇式进水和排水的方式运行,从而使空气能够不断地进入湿地床的基质孔隙中(Gervin et al.,2001;Green et al.,1998)。当湿地来水被周期性地布洒到湿地基质表面时,在重力作用下,其逐渐向下渗透,直到从底部完全排出。随着湿地中水的疏干过程,在外部大气压力的作用下,空气可以进入到基质层中,进行氧气的补充。其后,下一批次被引入湿地的来水,可以吸收利用这些氧气,或随着水流的渗透,将其携带到湿地床底部的厌氧地带。此外,大型水生植物如芦苇、菖蒲等,也可以通过光合作用向植物的根际地带输送氧气。

在污染物去除方面,人们已经认识到,垂直潜流人工湿地通常对有机污染物和营养物具有较高的去除率,同时还能防止基质的堵塞(Brix et al.,2005;Kadlec et al.,2009)。垂直潜流湿地具有较高的氨氧化能力,这促进了它在含高浓度氨的污(废)水处理中的使用,如垃圾填埋场渗滤液(Yalcuk et al.,2009)和食品工业废水等(Wood et al.,2007)。垂直潜流湿地的反硝化作用能力通常被认为是有限的(Luederits et al.,2001)。然而,根据研究报道,在低氮浓度下使用有机基质可显著提高垂直潜流湿地的反硝化作用(Saeed et al.,2011);当存在可用的有机碳时,即使是在重污染负荷下运行的垂直潜流湿地,也可能会发生有效的反硝化作用。同时,垂直潜流湿地中可能会存在缺氧微区,从而促进反硝化作用的发生。

对于垂直潜流人工湿地的设计,主要的考虑因素包括占地面积、基质类型、基质深度和水力停留时间等。尤其需要指出的是,湿地基质的特性是该类系统设计和运行中最重要的考虑因素。选择合适的湿地基质,涉及基质材料的粒度尺寸、孔隙度、过滤层深度和经济成本等(Moreno et al.,2002)。一般来说,合适的基质材料应包括如下特征:具有较高的孔隙率以减少堵塞,具有较低的吸附能力以防止污染物累积,同时应具有良好的经济成本效益。垂直潜流湿地基质的推荐深度,一般为 70 cm 左右,这一深度可以保证能够有效去除有机污染物,同时还可以提供充分的硝化作用。

1.2　研　究　内　容

本研究的总体目标,是开发一种能够应用于城区不透水垫面初期雨水径流处理的垂直潜流湿地。该湿地应具有以下几个特点：一是具有集约的结构可以适应拥挤的城市土地环境；二是具有良好的处理性能可以有效去除污染物质；三是具有生长良好的植物可以美化周围环境；四是同时还可以作为一个蓄水设施，减少城市雨水径流的排放，从而降低城市的内涝风险。

具体的研究内容包括：

（1）适用于城市初期雨水径流处理的人工湿地基质的选择。

（2）不同基质垂直潜流湿地在污染物去除方面的性能。

（3）湿地出水再循环处理，对污染物去除性能的影响。

（4）湿地基质中堵塞物质积累及分布情况的评估。

第 2 章　人工湿地发展

2.1　概念与起源

　　湿地是指由于其在景观中所处位置、潮汐、降雨或其他环境现象的原因,致使季节性或全年潮湿积水的地区,其植被与邻近的高地地区明显不同(Gopal,1999)。湿地可以是自然产生的,也可以是以污染处理为目的而专门建造的。从历史的角度来看,根据植被类型、水环境条件和地理因素等,自然湿地还曾被称为沼泽、泥沼、碱沼等(Kadlec et al.,2009)。

　　湿地也可以是人造的,人类尝试模仿自然湿地的水净化过程,用以解决各种水质问题。利用湿地去除污(废)水中的污染物并不是什么新鲜事物。几千年以前,埃及人和中国人就使用自然湿地来净化污水。在污(废)水处置方面,正如Kadlec 等(2009)所指出的,自从污(废)水开始被收集,自然湿地就被用作其处理的场所。

　　然而,最早的有关湿地处理污水方面的调查,是 1952 年 Kathe Seidel 在德国普隆的马克斯·普朗克研究所开展的芦苇湿地水净化能力的研究(Kadlec et al.,2009)。随后,从 1955 年到 1970 年代末,Kathe Seidel 发表了一些有关湿地植物处理污(废)水的研究。她的发现促进了现代人工湿地的产生,这也是世界上最早的有文献记录的工程处理湿地研究。20 世纪 60 年代初,Reinhold Kickuth 与 Seidel 合作,开发了一种名为“根区法”的湿地处理工艺,并与 Reinhold Kickuth 的同事共同在欧洲推广,产生了近 200 个市政和工业的污(废)水处理系统。其后,到 20 世纪 80 年代中期,潜流湿地(根区法)扩展到了整个欧洲。

　　在美国,密歇根大学于 1971 年首次开展了用于废水处理的人工湿地研究。自此之后,还开展了另外几项研究,到 1990 年时已至少建立了 98 个水平潜流湿地。1993 年,田纳西河流域管理局出版了一部面向单个家庭的湿地设计手册,湿地的使用随即迅速扩大开来。到 2005 年时,有记录的湿地系统在美国就达到了数百个。

　　澳大利亚的湿地处理技术始于 20 世纪 70 年代,主要用于养猪场、屠宰场、矿山和炼油厂污(废)水的处理。人工湿地在新西兰也有应用,大约45%的人工湿地是表面流湿地系统。人工湿地技术在非洲的普遍使用是在20世纪80年代。最早在1969年,人工湿地来到亚洲,应用于水葫芦湿地处理制糖厂废水的工艺中。

近年来,人工湿地系统作为经过设计的"自然系统",在污(废)水处理和循环利用方面受到越来越多的关注。其利用范围已从生活污水扩展到工农业废水、采矿废水、垃圾填埋场渗滤液和雨水径流的处理。

2.2　人工湿地类型

根据水文情况和水的流态,人工湿地主要可分为两种类型,即表面流(或自由水面)人工湿地和潜流人工湿地。表面流人工湿地又可按植物类型(漂浮植物、沉水植物和挺水植物)细分为三种,而潜流人工湿地则可划分为水平潜流湿地和垂直潜流湿地。垂直潜流湿地又可根据水流方向,进一步划分为向下流或向上流。近年来,不同类型的人工湿地常常以组合或集成的系统进行使用,以达到提高污(废)水处理效率的目的。

2.2.1　表面流人工湿地

如图2.1所示,表面流人工湿地系统通常由浅池(或沟渠)和基质层(土壤或其他材料)组成,在底部具有防渗设计,使用土壤或其他基质为挺水植物的根部提供支持,湿地内水位较浅,且水流以缓慢的速度流经基质(Kadlec et al.,2009)。

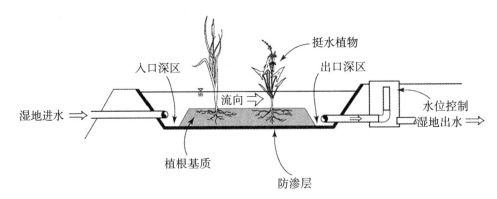

图2.1　表面流人工湿地的典型结构

表面流人工湿地模仿自然湿地的水文状态,进水从湿地入口流入,依次流经基质的表面,最后从湿地出口流出。水的流态缓慢,呈水平向,并保持与大气的开放连通。表面流湿地通常不适合于气候寒冷的地区,因为它们在冬季往往会结冰,从而导致污染物去除性能明显降低。

2.2.2　潜流人工湿地

潜流人工湿地通常使用多孔材料为基质,如土壤、沙或砾石等。当污水流经湿地床(过滤基质)时,与多样化的好氧区、缺氧区和厌氧区相接触,在微生物、物理和化学等过程的作用下得以净化。

潜流湿地系统具有占地面积小、处理效率高、虫害问题少等优点,同时降低了人类或野生动物接触污水中有害物质的风险。此外,潜流湿地更适合于寒冷的气候,由于表层土壤或基质层的隔离作用,湿地内部温度受外界环境变化的影响小。

可将潜流人工湿地进一步划分为两个基本类型,即水平潜流湿地(HSSF)和垂直潜流湿地(VSF)。

(1)水平潜流湿地

水平潜流湿地由砾石或粗砂基质以及挺水植物组成,如图 2.2 所示。湿地水位保持在地面以下,湿地进水大致呈水平方向流经基质和植物根区。当污水与基质和植物根区接触时,就得以被处理净化。水平潜流湿地也被称为芦苇床或根区技术。

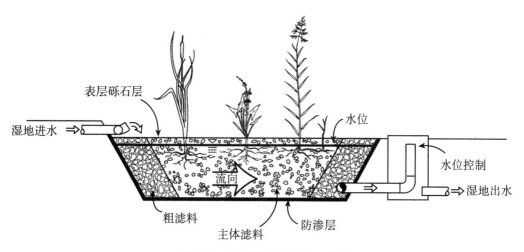

图 2.2　水平潜流湿地结构示意图

(2)垂直潜流湿地

在垂直潜流湿地中,进水首先被布洒在湿地床表面,其后缓慢地渗透穿过颗粒基质层,最后从底部的出水口排出,如图 2.3 所示。当进水与颗粒基质和植物根部表面的微生物群落接触时,污水就会被处理净化。垂直潜流湿地可以被水充满或排干,从而能够使空气中的氧气不断进入到湿地内部。此外,垂直潜流湿地还能以向上流或潮汐流的方式运行,前者是将进水管和出水管分别置于湿地床的下方和上方,后者则是对湿地进行周期性的进水和排水。

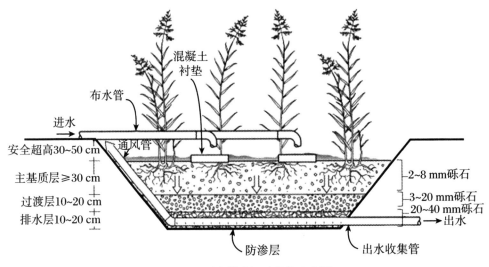

图 2.3　垂直潜流湿地结构示意图

2.3　污染物去除机理

一般而言,人工湿地中污染物的去除机理可归因于物理、化学、生物和生态的过程。表 2.1 列出了有机物、氨氮、磷、细菌和重金属去除的主要机制。

悬浮物的去除机理,主要是发生在进水区附近的沉淀作用和基质的过滤作用。磷的去除主要是通过基质和植被根系表面对磷酸盐的吸附,但这是一个物理过程,在一段时间后会达到饱和。氮的去除途径包括氨挥发、微生物主导的硝化和反硝化、植物吸收以及厌氧氨氧化等。重金属的去除机理主要包括:

(1) 与基质、颗粒物和溶解态有机物结合。

(2) 以难溶盐的形式沉淀,主要是硫化物和氢氧化物。

(3) 植物和微生物的吸收。

表 2.1　潜流人工湿地的污染去除机理

污染去除机理		去除的污染物
物理	沉淀	悬浮物、有机物、磷、氮
	过滤	悬浮物、有机物、细菌
	吸附	磷、氮、细菌
	挥发	氨
	结晶	氨、磷
化学	沉淀	磷、氮、重金属
	吸附	磷、氮、重金属
	水解	有机物
	氧化/还原	有机物、氮、重金属
生物	微生物新陈代谢(好氧/厌氧/缺氧)	有机物、氮、细菌
	植物新陈代谢	氮、磷
	植物吸附	氮、磷
	自然消亡	细菌
生态	捕食	细菌
	食物链	重金属、氮、磷
	生物积累/生物放大	重金属
	演替	氮、磷

2.3.1　有机碳

　　水体中存在着广泛的溶解态或颗粒态的碳化合物。溶解态和颗粒态的分界线,通常是看其是否能够通过 $0.45~\mu m$ 孔径的滤膜。从生物学上来说,碳的去除并不困难,湿地在消减有机物方面就有很好的效果。废水中有机物的含量可以使用不同的分析技术进行测定。

　　生物化学需氧量(BOD)是指微生物在氧化有机物时的耗氧量。测试通常持续 5 天,最终的耗氧量被定义为 BOD_5。

　　化学需氧量(COD)是用以氧化有机物的化学氧化剂的量,常用的氧化剂是重铬酸钾。因为强氧化剂可以氧化更多的化合物,因此 COD 的值比 BOD 要大。

　　总有机碳(TOC)的测定可通过测定样品中存在的总碳和无机碳的组分,然后从总碳中减去无机碳组分。

　　在处理湿地中,可降解的碳会根据不同的条件被各种反应所分解或转化。在好氧条件下,碳化合物通过微生物的呼吸作用被氧化,以氧为最终的电子受体。当没有氧气时,其他的电子受体参与到分解反应中。各种分解反应列举如下(Kadlec et al.,2009):

在有氧区域,发生呼吸作用:

$$C_6H_{12}O_6 + 6O_2 \longrightarrow 6CO_2 + 6H_2O \tag{2.1}$$

在缺氧或厌氧区域,发生发酵作用:

$$C_6H_{12}O_6 \longrightarrow 2CH_3CHOHCOOH(乳酸) \tag{2.2}$$

$$C_6H_{12}O_6 \longrightarrow 2CH_3CH_2OH(乙醇) \tag{2.3}$$

在缺氧或厌氧区的硝酸盐还原(反硝化):

$$C_6H_{12}O_6 + 4NO_3^- \longrightarrow 6CO_2 + 6H_2O + 2N_2 + 4e^- \tag{2.4}$$

在缺氧或厌氧区的铁还原:

$$CH_3COO^- + 8Fe^{3+} + 3H_2O \longrightarrow 8Fe^{2+} + CO_2 + HCO_3^- + 8H^+ \tag{2.5}$$

厌氧区的硫酸盐还原:

$$2CH_3CHOHCOO^-(乳酸) + SO_4^{2-} + H^+$$
$$\longrightarrow 2CH_3COO^-(硝酸盐) + 2CO_2 + 2H_2O + HS^- \tag{2.6}$$

$$CH_3COO^-(醋酸盐) + SO_4^{2-} + 2H^+ \longrightarrow 2CO_2 + 2H_2O + HS^- \tag{2.7}$$

厌氧区的产甲烷作用:

$$4H_2 + CO_2 \longrightarrow CH_4 + 2H_2O \tag{2.8}$$

$$CH_3COO^- + 4H_2 \longrightarrow 2CH_4 + H_2O + OH^- \tag{2.9}$$

当进入湿地的有机物超过自然状况下含量水平时,湿地能够有效地消减有机碳。根据废水的性质和人工湿地的类型,每种机理对于碳去除的贡献有所差异。在表面流湿地中,各种机理近似同等地发挥作用,例如,在表层附近和水体中发生好氧呼吸,而在底部和沉积物中发生缺氧/厌氧反应。水平潜流湿地本质上是氧传递受限的系统,因此可以推定缺氧和厌氧反应将占据主导。在不饱和的垂直潜流湿地中,大气中的氧气可以进入湿地内部,因此好氧过程将占主要地位。

2.3.2 氮

由于在水体富营养化过程中的贡献以及对受纳水体溶解氧含量的影响,氮化合物是污(废)水中非常受关注的成分。此外,氨(NH_3)和亚硝酸盐(NO_2^-)对水生无脊椎动物和脊椎动物具有毒性。

在处理污(废)水的湿地中,最重要的无机氮的形态是氨盐(NH_4^+)、亚硝酸盐(NO_2^-)、硝酸盐(NO_3^-)、一氧化二氮(N_2O)和溶解态的元素氮或氮气。废水中的有机氮化合物来源于食品、粪便和尿液等,这些高分子量的化合物(蛋白质、尿素、氨基酸)在微生物作用下转化为氨。

氮有一个复杂的生物地球化学循环过程,存在多种生物/非生物的转化,涉及七个价态(+ 5 至 - 3)。湿地中氮的主要转化过程见表 2.2。

表 2.2　人工湿地中的氮转化

转化机理	化学反应
挥发作用	$NH_4^+ \longrightarrow NH_3$
氨化作用	$Org.\text{-}N \longrightarrow NH_4^+$
硝化作用	$NH_4^+ \longrightarrow NO_2^- \longrightarrow NO_3^-$
硝酸盐氨化作用	$NO_3^- \longrightarrow NH_4^+$
反硝化作用	$NO_3^- \longrightarrow N_2 \text{、} N_2O$
氮气固定	$N_2 \longrightarrow Org.\text{-}N$
植物/微生物吸收	$NH_4^+ \text{、} NO_2^- \text{、} NO_3^- \longrightarrow Org.\text{-}N$
氨吸附	—
有机氮埋藏	—
厌氧氨氧化(ANAMMOX)	$NH_4^+\text{-}N \longrightarrow N_2$

然而,并不是所有的反应过程都去除了废水中的氮。常规的脱氮过程包括两个不同的生物反应,即自养硝化和异氧反硝化,前者把氨氮(NH_4^+)氧化为硝态氮(NO_3^-),而后者把亚硝态氮(NO_2^-)或硝态氮(NO_3^-)还原为氮气(N_2)。其他的能最终从废水中去除氮的机制,包括氨挥发、植物吸收、氨吸附和厌氧氨氧化。

(1) 硝化作用

硝化反应通常被定义为氨氮在微生物作用下被氧化为硝态氮的过程,以亚硝酸盐为反应的中间产物。这两个阶段的反应过程,受限于湿地中氧气供应的限制,可由下列方程表达:

$$NH_4^+ + 1.5O_2 \longrightarrow NO_2^- + 2H^+ + H_2O \tag{2.10}$$
$$NO_2^- + 0.5O_2 \longrightarrow NO_3^- \tag{2.11}$$

在反应的第一阶段,氨氮被氧化为亚硝态氮,主要由亚硝化单胞菌属的细菌完成。在第二阶段,硝化菌属细菌主导了亚硝酸盐氮氧化为硝酸盐氮的过程(Metcalf et al.,2003)。硝化作用的整个过程可以用一个方程式表示:

$$NH_4^+ + 2O_2 \longrightarrow 2H^+ + H_2O + NO_3^- \tag{2.12}$$

基于化学计量关系,理论上,在硝化反应过程中每氧化 1 g 氨氮,大约要消耗 4.57 g 氧气。综合考虑有机碳氧化过程对氧的消耗,以及细胞合成过程对氮的利用,硝化过程中的实际氧消耗率约为 4.3 g(US EPA,1993)。

由于硝化作用是微生物主导的过程,因此硝化作用速率与硝化细菌的生长成正比。考虑溶解氧(DO)的影响,则硝化细菌的生长速率可以用改进的 Monod 方

程来表达(Metcalf et al.,2003):

$$\mu_n = \mu_{max}\left(\frac{C_{NH_4^+-N}}{K_{Nit} + C_{NH_4^+-N}}\right)\left(\frac{DO}{K_{DO} + DO}\right) - K_{dn} \tag{2.13}$$

式中,μ_n:硝化细菌的生长速率,单位为/d;

μ_{max}:硝化细菌的最大生长速率,单位为/d;

$C_{NH_4^+-N}$:铵态氮浓度,单位为 mg/L;

K_{Nit}:硝化反应半饱和常数,NH_4^+-N 浓度,单位为 mg/L;

DO:溶解氧浓度,单位为 mg/L;

K_{DO}:溶解氧半饱和常数,单位为 mg/L;

K_{dn}:硝化细菌的内源衰减系数,单位为/d。对于硝化细菌,K_{dn} 是可以忽略不计的,视为零(US EPA,1993)。

硝化反应速率随着溶解氧浓度的增加而增加,直到溶解氧浓度达到 3～4 mg/L。在低溶解氧浓度(<0.5 mg/L)情况下,硝化速率受到极大抑制,并且对硝化细菌的抑制比亚硝化单胞菌更大。在这种情况下,将发生不完全硝化反应,使出水中 NO_2^--N 浓度增加(US EPA,1993)。

除了微生物类群、氨氮浓度和溶解氧含量外,硝化反应还受到温度、pH 和碱度的影响(Vymazal,1995)。Cooper 等(1996)指出,亚硝化单胞菌和硝化杆菌生长的最低温度为 5～4 ℃,然而,在纯培养实验中硝化反应的最佳温度为 25～35 ℃,在土壤中的最佳温度为 30～40 ℃(Vymazal,2007)。在温度为 5～30 ℃ 的范围内,温度对亚硝化单胞菌最大生长速率的影响可用 Arrhenius 型方程来表达(US EPA,1993):

$$\mu_n = 0.47e^{0.098(T-15)} \tag{2.14}$$

式中,T 为温度,单位为℃。

硝化反应对 pH 敏感,在低 pH 下,反应速率显著下降。在 pH 接近 5.8～6 时,硝化反应速率为 pH=7 时的 10%～20%。Paul 等(1996)认为,硝化反应的最佳 pH 在 6.6～8.30。通常使用 7～7.2 的 pH 来维持合适的硝化反应速率(Metcalf et al.,2003)。pH 为 6.1～7.2 时,美国环保署提出了估算硝化反应速率的方程式:

$$\mu_n = \mu_{max}(1 - 0.833(7.2 - pH)) \tag{2.15}$$

事实上,处理湿地几乎总是在 pH 接近中性的环境下运行,因此该因素对系统的硝化作用的影响很小(Kadlec et al.,1996)。

此外,高硝化速率会降低水体的碱度和 pH。在硝化反应过程中,能够消耗大量的碱度,每氧化 1 mg 氨氮,大约消耗 8.64 mg HCO_3^-(Cooper et al.,1996)。

(2) 反硝化作用

反硝化作用通常被定义为硝酸盐通过中间产物亚硝酸盐、一氧化氮和一氧化二氮转化为氮气的过程(Hauck,1984)。从生物化学的角度来看,反硝化是微生物过程,其中氮氧化物(离子和气态形式)作为呼吸电子传递的末端电子受体。执行反硝化的最常见的兼性细菌群包括芽孢杆菌、肠杆菌、微球菌、假单胞菌和螺旋菌(Kadlec et al.,1996)。

以甲醇为碳源的反硝化作用,化学反应式可由下式表达(US EPA,1993):

$$NO_3^- + \frac{5}{6}CH_3OH \longrightarrow \frac{5}{6}CO_2 + \frac{1}{2}N_2 + \frac{7}{6}H_2O + OH^- \tag{2.16}$$

该反应是不可逆的,并且仅在厌氧或缺氧状态($E_h = +350 \sim +100$ mV),并且有可用的有机底物存在下发生。

溶解性铵浓度较低时,硝酸盐也可以被细菌用来进行细胞合成。反硝化、细胞合成($C_5H_7NO_2$)以及这些过程对总碱度的影响,可由下式表达(US EPA,1993):

$$NO_3^- + 1.08CH_3OH + 0.24H_2CO_3$$
$$\longrightarrow 0.056C_5H_7NO_2 + 0.47N_2 + 1.68H_2O + HCO_3^- \tag{2.17}$$

由方程式(2.17)可知,消减 1 g 的硝酸盐,需要 2.47 g 甲醇或其他等效碳源。在没有碳源的情况下,反硝化作用将被抑制。反应所需 COD 与氮的比率可由下式表达:

$$\frac{COD}{N} = \frac{2.86}{1 - 1.134\,Y_N} \tag{2.18}$$

式中,Y_N:基于 COD 消耗的生物质净产量,单位为 g VSS/g COD。

该方程基于一个假设,即产生的每克 VSS 含有的 COD 为 1.42 g,并且氮的含量为 10%。

反硝化微生物的生长速率,随硝酸盐和碳源的增加而增加,而被溶解氧的存在所抑制,可用以下方程式表示(US EPA,1993):

$$\mu_D = \mu_{Dmax}\left(\frac{C_{NO_3^-}}{K_{NO_3^-} + C_{NO_3^-}}\right)\left(\frac{S}{K_s + S}\right)\left(\frac{K_{DO}}{K_{DO} + C_{DO}}\right) \tag{2.19}$$

式中,μ_D:反硝化细菌生长速率,单位为/d;

μ_{Dmax}:反硝化细菌的最大生长速率,单位为/d;

$C_{NO_3^-}$:硝酸盐氮浓度,单位为 mg/L;

$K_{NO_3^-}$:硝酸盐半饱和系数,单位为 mg/L;

S:有机底物浓度,单位为 mg/L;

K_s:有机底物的半饱和系数,单位为 mg/L;

K_{DO}:溶解氧抑制系数,单位为 mg/L;

C_{DO}:溶解氧浓度,单位为 mg/L。

据报道,硝酸盐的半饱和系数($K_{NO_3^-}$)非常低:0.1~0.2 mg NO_3^--N/L。K_s的值将取决于有机底物,对于甲醇来说,通常也低至 0.1 mg/L,但也可以高达72 mg/L。溶解氧抑制系数(K_{DO})可为 0.1mg/L(US EPA,1993)。

硝酸盐去除率与有机底物去除率的关系,如下式:

$$q_D = \frac{\mu_D}{Y_D} = (1 - 1.42\ Y_s)\frac{q_s}{2.86} + \frac{1.42}{2.86}\ b_d \tag{2.20}$$

式中,q_D:硝酸盐去除率,g NO_3^--N/(g VSS·d);

Y_D:反硝化细菌的实际增殖系数,单位为 g VSS(产出)/g NO_3^--N(去除);

Y_s:生物质实际产量,单位为 g VSS(产出)/g COD(去除);

q_s:基质去除率,单位为 g COD/(g VSS·d);

b_d:反硝化细菌衰减系数,一般为 0.04/d。

反硝化速率也受温度和 pH 的影响。与硝化反应类似,反硝化反应的进行也强烈依赖于温度。反硝化速率随温度增加而提升,直至在 60~75 ℃的范围内达到最大值,然后在该温度以上迅速下降(Bremner et al.,1958;Keeney et al.,1979;Paul et al.,1996)。温度低于 5 ℃时,反硝化反应以非常低但可测量的速率进行,并产生相对较大摩尔分数的 N_2O 和 NO(Bremner et al.,1958)。分子氮是较高温度下的主要产物(Broadbent et al.,1965)。反硝化反应对 pH 的敏感性明显地低于硝化反应,但最佳的 pH 在 6~8(Paul et al.,1996)。

(3) 其他脱氮途径

未电离的氨,可以通过扩散作用从溶液进入到大气中,称之为氨挥发。氨的挥发性取决于 pH。Reddy 等(1984)指出,如果 pH 低于 7.5,从淹没土壤和沉积物中通过挥发而造成的氨损失是微不足道的,如果 pH 低于 8.0,氨损失通常并不严重。在 pH 为 9.3 时,氨与铵离子的比例为 1∶1,通过挥发产生的氨损失变得明显。

植物吸收在铵盐和硝酸盐去除方面的重要性,很大程度上取决于施加给处理湿地的氮负荷。在较低的氮负荷情况下,植物吸收在氮去除方面占据了明显的比例。然而,对于含有较高氮浓度的进水,植物吸收不再是氮去除的主要方式(Tanner et al.,2002)。

铵可以从溶液中被吸附到土壤基质的活性位点上。吸收的铵松散地结合在基质上,当化学条件发生变化时,可以很容易地以氨的形式被释放出来。在含有某一浓度氨的水体中,铵离子被吸附到可用的附着位点,并使其饱和。随着水体中氨浓度的变化,一些铵离子将被吸附或解吸,以重新获得新的平衡。如果湿地基质暴露于氧气,比如定期地排水,吸附的铵离子可能会被氧化成硝酸盐(Kadlec et al.,1996)。

厌氧氨氧化(ANAMMOX)是另一种脱氮途径,它是在缺乏有机碳的情况下,硝酸盐(或亚硝酸盐)和铵盐在厌氧条件下转化为氮气(Mulder et al.,1995)。在厌氧氨氧化过程中,硝酸盐(或亚硝酸盐)被用作电子受体:

$$5NH_4^+ + 3NO_3^- \longrightarrow 4N_2 + 9H_2O + 2H^+ \tag{2.21}$$

$$NH_4^+ + NO_2^- \longrightarrow N_2 + 2H_2O \tag{2.22}$$

根据 ANAMMOX 化学计量学,1.0 g NH_4^+-N 需要 1.9 g O_2,其中包括将氨转

化为亚硝酸盐所需的氧气(Sliekers et al.,2002)。这一进程的具体的生物化学过程仍在调查之中,需要进一步研究,以便更好地了解微生物和氨氧化反应是如何在各种湿地生态系统中发生竞争的(Hunt et al.,2005)。

2.3.3　磷

磷通常以三种形式存在:正磷酸盐或溶解性活性磷酸盐、偏磷酸盐或聚磷酸盐、有机磷酸盐。正磷酸盐包括 PO_4^{3-}、HPO_4^{2-}、$H_2PO_4^-$ 和 H_3PO_4 等形式,可直接用于生物和化学转化,而无需进一步分解。

正磷酸盐是湿地中磷存在的主要形式,也是最具生物可利用性的形式。聚磷酸盐分子由两个或多个磷原子、氧原子组成,在某些情况下,还包括氢原子,共同组成一个复杂的结构。聚磷酸盐在水溶液中发生水解作用,并转化为正磷酸盐(Metcalf et al.,2003)。

在潜流人工湿地中,可溶性活性磷酸盐可被植物吸收并转化为组织磷,或可能被湿地基质所吸附。如果有机的基质被氧化,有机磷可能被释放出来,呈现为溶解态形式。在好氧环境下,形成不溶性磷,但在厌氧条件下,不溶性磷可以重新溶解(Kadlec et al.,2000;Leader et al.,2005)。

垂直流人工湿地中磷的去除,包括物理、化学和生物的过程。每一个过程都可以影响到磷从废水中的去除。

1. 物理和化学过程除磷

这些过程包括颗粒态磷的沉淀、吸附到基质或过滤材料上、化学沉淀和络合反应(Kadlec et al.,2000)。

人工湿地中磷的吸附和化学沉淀是复杂的过程,可以同时发生。基质既可以吸附磷酸盐,也可以通过向溶液提供金属来促进磷酸盐的化学沉淀,金属可以与磷发生反应产生微溶性磷酸盐(Maurer et al.,1999)。吸附和化学沉淀过程受湿地基质的物理和化学特性控制,比如矿物质的含量,包括铁、铝、钙和镁(Richardson et al.,1997)。黏土由于其结构中的铝、铁和钙含量丰富,比表面积较大,因而在捕集和固磷方面具有最大的潜力。在一定条件下,这些阳离子可以使磷酸盐沉淀。

吸附是指废水中的溶解性无机磷在湿地基质表面的积累。一般来说,磷吸附能力随着湿地基质中黏土含量或矿物组分的增加而增大。湿地基质对磷的吸附,受基质孔隙水中磷酸盐浓度,以及基质向孔隙水中补充磷酸盐的能力所共同控制。当基质颗粒达到磷饱和,并且基质孔隙水中磷的浓度较低时,存在磷从基质向孔隙水的净迁移,直到基质和基质孔隙水中磷浓度达到平衡。吸附过程一般被描述为两个阶段:

(1)磷酸盐在基质孔隙水和基质颗粒之间迅速交换(吸附)。

(2) 磷酸盐缓慢渗透到基质颗粒内部。同样地,磷的解吸也存在两个相反的阶段(Dunne et al.,2005)。

化学沉淀可指磷酸盐离子与金属离子的反应,如铁、铝、钙或镁等,形成无定形或结晶性较差的固体。这些反应通常发生在具有高浓度的磷酸盐或金属阳离子的情况下(Rhue et al.,1999)。在一定条件下,有多种阳离子可以使磷酸盐沉淀。湿地环境中一些重要的矿物沉淀物包括(Reddy et al.,1999):磷灰石($Ca_5(Cl, F) \cdot (PO_4)_3$)、羟基磷灰石($Ca_5(OH)(PO_4)_3$)、磷酸铝石($Al(PO_4) \cdot 2H_2O$)、红磷铁矿($Fe(PO_4) \cdot 2H_2O$)、蓝铁矿($Fe_3(PO_4)_2 \cdot 8H_2O$)和银星石($Al_3(OH)_3(PO_4)_2 \cdot 5H_2O$)。除直接的化学反应外,磷还可与其他矿物发生共沉淀,如三价铁羟基氧化物和碳酸盐矿物,如方解石(碳酸钙)。

在废水与过滤基质相接触的系统中,能发生有效的磷吸附和化学沉淀。这意味着潜流人工湿地有很大的潜力可以通过这一机制进行磷的去除。然而,在间歇式进水的垂直流系统中,磷的去除可能不是那么有效,因为基质床被氧化可能会导致磷的解吸和释放。用于潜流人工湿地的基质材料,比如清洗过的砾石或碎石,由于表面积有限,通常来说能够提供的吸附和沉淀能力非常低。近年来,几种过滤材料如轻质黏土骨料(LECA)已在人工湿地中进行了试验。该材料对磷的去除率很高,但是需要认识到的是,吸附和化学沉淀是可饱和的,随着时间推移,吸附能力逐渐降低。

2. 生物过程除磷

植物对磷的同化和储存取决于植物类型和生长特性。大型挺水植物具有发达的根系和根茎网络,具有储存磷的巨大潜力。它们比大型漂浮植物具有更多的支持组织,地下生物量(根和根茎)与地上生物量(茎和叶)的比例较高,为磷的储存提供了理想的组织结构(Reddy et al.,1999)。

在各种植物类型的活体叶片中,以干生物量计算,磷的浓度范围为 $0.1\% \sim 0.4\%$(Kadlec et al.,2000)。

随着植物的生长,细胞会吸收更多的磷,直到这些植物完全发育成熟。在生长季节结束时,植物会枯萎死亡,叶子和茎最终会落在湿地床上,在那里它们慢慢分解,并将磷返回到系统中。新的植物生长将重新吸收磷,并最终发展到平衡,即一年内植物生长吸收的磷等于死亡植物分解后返回到系统中的磷。因此,如果没有对植物进行收割,这些植物将不会从湿地系统中去除磷(Kadlec et al.,2000)。

一般来说,通过对大型湿地植物(如芦苇)进行收割去除的磷为 $2 \sim 4.9$ g/($m^2 \cdot$ yr)(Vymazal et al.,1999)。相对于初级的进水磷负荷,这是一个非常小的量。比如,对于垂直流人工湿地来说,进水中的磷含量通常为 300 g/($m^2 \cdot$ yr)(Kadlec et al.,2009)。因此,通过植物收割只能去除进水磷负荷中的一小部分,因此称不上是一种有效的除磷手段。然而,对于低负荷的潜流湿地来说,情况却并非如此。

通过植物收割去除磷的数量虽然低,但却可能非常重要,其所占的比例能达到进水磷负荷的近 40%(Vymazal,2007)。

微生物对磷的吸收速度非常快,但其数量(储存量)非常低。因为微生物的生长和繁殖速度极快,所以微生物类群(细菌、真菌、藻类、微型无脊椎动物等)对磷的吸收是快速的。微生物对磷的储存量可能与湿地的营养状况相关。与营养丰富的场所相比,在营养贫乏的地方,微生物可以摄取储存更多的磷(Richardson et al.,1997)。

在所有的湿地处理系统中,微生物摄取仅仅被认为是磷的暂时储存,而且周转率很低。微生物群所吸收的磷,在其死亡后,又被释放回到水中。

对于市政污水和含磷量丰富的工业废水来说,因为系统中可用的磷远远超过植物吸收和微生物同化的能力,所以它们对于磷的去除,不会占到很大的比例。

3. 除磷模型

由于湿地中磷去除的复杂性,在潜流人工湿地中,很难使用预测模型来评估磷的去除。根据湿地进水、出水中的数据,进行统计分析,可以开发出磷去除的黑箱模型(Kadlec et al.,1996)。

基于 90 个案例的数据,Kadlec 和 Knight(1996)开发了一个用于废水处理的潜流湿地中的磷去除模型:

$$C_o = 0.51\, C_i^{1.10} \tag{2.23}$$

式中,C_o:出水中的磷浓度,单位为 mg/L;

C_i:进水中的磷浓度,单位为 mg/L;

进水浓度范围为 0.5~20 mg/L,出水浓度范围为 0.1~15 mg/L。

结合美国 23 个案例的水力负荷,潜流湿地中进水、出水中磷浓度的关系,还可表达为(Kadlec et al.,1996):

$$C_o = 0.23\, q_{avg}^{0.6}\, C_i^{0.76} \tag{2.24}$$

式中,C_o:湿地出水中的磷浓度,单位为 mg/L;

C_i:湿地进水中的磷浓度,单位为 mg/L;

q:水力负荷,单位为 cm/d。

湿地进水中的磷浓度范围为 2.3~7.3 mg/L,出水中的磷浓度范围为 0.1~6 mg/L,平均的水力负荷范围为 2.2~44 cm/d。

2.3.4　重金属

在浓度非常低的情况下,有几种金属元素是生物必需的微量营养元素。但是,当水中的浓度较高时,一些金属对包括人类在内的敏感生物具有毒性。潜流湿地中重金属离子的去除取决于一些相互作用的过程,包括沉淀、沉降、吸附、共沉淀、阳离子交换、植物积累、生物降解、微生物活动和植物吸收(Matagi et al.,1998; Collins et al.,2005)。

各种作用过程相互依赖,从而使湿地中重金属去除机制的整个过程非常复杂。或多或少,这些反应的发生与湿地基质的组成、废水的性质和植物的种类相关。更进一步地说,湿地中发生的各种去除过程,可以归纳为三种途径:物理、化学和生物的过程。

1. 物理过程

在酸性矿井水中,沉淀和沉降被认为是与颗粒物相关的有效去除重金属的物理过程(Kadlec et al.,1996)。一旦某种重金属存在于湿地中,无论水是停滞的还是流动的,都可能发生许多动力学的转化(Matagi et al.,1998)。金属可以从水中转移到基质。

在人工湿地中,沉降被认为是去除重金属的基本过程。这不是一个简单的物理反应,其他化学过程如化学沉淀和共沉淀,会首先发生。沉降是在其他机制将重金属聚集成足以下沉的颗粒之后的物理过程(Walker et al.,2002)。通过这种方式,重金属从废水中去除,并被湿地基质所捕获,从而保护最终的受纳水体。

酸性矿井水中可能含有悬浮固体(包括重金属),从而可以通过过滤而保留在湿地中。Noller 等(1994)使用过滤的方法,从酸性矿井水中去除镉、铅、银和锌,镉的去除率为 75%~99.7%,铅的去除率为 26%,银的去除率为 75.9%,锌的去除率为 66.7%。使用过滤技术去除重金属,对于矿井排水可能非常重要。

2. 化学去除工艺

(1) 吸收

吸收是湿地中最重要的化学去除过程,可以短期地滞留或长期地固定多种重金属。吸收过程将离子从水中转移到湿地基质,从液相转移到固相。吸收包括吸附和化学沉淀反应。

(2) 吸附

重金属通过静电吸引吸附到湿地基质中的黏土和有机物上,这种吸附产生阳离子交换或化学吸附。阳离子交换涉及阳离子与黏土和有机物表面的物理结合。重金属一旦吸附到腐殖质或黏土胶体上,它们将作为金属原子留在那里,并最终分解(Sheoran et al.,2006;Wiebner et al.,2005)。湿地基质的阳离子交换能力与有机质和黏土的含量成正比。化学吸附是一种比阳离子交换更强和更稳定的键合形式。

超过 50%的重金属可以容易地吸附到湿地的颗粒物上,从而通过沉淀从进水中去除。铅和铜的吸附性通常较强,而锌、镍和镉的吸附性则较弱,因此可能更具有生物可利用性(Alloway,1990)。

(3) 氧化和水解

铁、铝和锰可以通过湿地中发生的水解或氧化作用,形成不溶性化合物,从而形成氧化物和氢氧化物。铁的去除与 pH、氧化还原电位和各种阴离子的存在有关。铝的去除取决于 pH,它可以在 pH 接近 5 时沉淀为氢氧化铝。锰的去除更难实现,因为它的氧化反应发生在 pH 接近 8 的条件下。细菌在 Mn^{2+} 氧化到 Mn^{4+} 的过程中起到了重要的加速作用(Stumm et al.,1981)。

(4) 化学沉淀和共沉淀

化学沉淀和共沉淀是湿地中重金属去除的重要的吸附机制。不溶性重金属沉淀的形成,是限制重金属在水生生态系统中生物有效性的因素之一。沉淀取决于金属的溶度积 K_{sp}、湿地的 pH,以及金属离子和相关阴离子的浓度(Sheoran et al.,2006)。

重金属可与湿地中的次生矿物发生共沉淀,比如,铜、镍、锌、锰等可与铁氧化物发生共沉淀,钴、铁、镍和锌可与锰氧化物发生共沉淀。碱性条件是铜、锌、镍和镉等阳离子金属发生共沉淀的必要条件。

(5) 金属碳酸盐

当水中碳酸氢盐的浓度较高时,重金属可能形成碳酸盐。尽管不如金属硫化物稳定,但碳酸盐可以在金属的初始阶段捕获中发挥重要的作用(Sheoran et al.,2006)。当湿地中存在石灰石或细菌产生的碳酸氢盐碱度充足时,可能会形成碳酸盐。对于铅和镍的去除,形成碳酸盐沉淀是一种非常有效的途径(Lin,1995):

$$M^{2+} \begin{cases} SO_4 \\ Cl_2 \end{cases} + Na_2CO_3 \longrightarrow MCO_3 \downarrow + Na_2 \begin{cases} SO_4 \\ Cl_2 \end{cases} \tag{2.25}$$

式中,M 表示金属。

(6) 金属硫化物

在厌氧条件下,合适的基质可以促进硫酸盐还原菌的生长,从而产生硫化氢;大多数重金属与硫化氢反应形成高度不溶性的金属硫化物固体(Stumm et al.,1981):

$$2CH_2O + SO_4^{2-} \longrightarrow H_2S + 2HCO_3^- \tag{2.26}$$

式中,CH_2O 表示有机物质。

细菌引起的硫酸盐还原,使溶解的重金属形成金属硫化物固体沉淀:

$$M^{2+} + H_2S + 2HCO_3^- \longrightarrow MS + 2H_2O + 2CO_2 \tag{2.27}$$

式中,M 表示金属。

3. 生物过程

湿地中被广泛认可的去除重金属的生物过程是植物吸收。湿地植物对重金属的吸收主要是通过挺水植物和漂浮植物的根系。对于叶子全部或部分在水下的植物和浮叶植物而言,它们通过叶子和根吸收金属(Sheoran et al.,2006)。植物对金属的去除效率差异很大,这取决于植物生长速率和植物组织中重金属的浓度。湿地单位面积的金属吸收速率,对草本植物或大型植物(如香蒲)来说,通常都相当高。

微生物还提供可测量的重金属吸收和储存量。微生物的新陈代谢过程在去除重金属方面起着最重要的作用(Russell et al.,2003;Hallberg et al.,2005)。已有报道表明,湿地中微生物的活动能将重金属还原成难以迁移的状态,铬、铀和铜等金属可以通过细菌作用而被去除(Adriano,2001;Nelson et al.,2002)。

2.4   垂直潜流湿地

2.4.1   运行模式

垂直潜流湿地系统可在不同的水流模式下运行,如间歇式向下流、非饱和式向下流、饱和式向上流、饱和式向下流以及潮汐流。

1. 间歇式向下流

该模式在湿地床顶部周期性地引入进水。选择此种操作模式是为了增强氧气向湿地内部的输送。这种类型来源于 1960 年代 Max Planck 研究所开发的人工湿地系统,作为它的一部分发展而来(Seidel,1966),并受到许多欧洲国家的青睐。

2. 非饱和式向下流

这一模式将进水分布到湿地颗粒基质的顶部,然后,水以非饱和流的形式向下滴流,缓慢通过基质。布水管可以位于湿地系统的上方,在寒冷的气候下,也可以埋藏于颗粒基质层内部。该系统可设置为一次性过滤模式,或采用湿地出水再循环模式,以使污水多次通过基质床。这些系统在功能上等同于循环砂(或砾石)过滤器。

3. 饱和式向上流或向下流

该类系统采用连续的饱和水流经过植物根部地带。向下流结构常常应用于矿井水的处理,称其为厌氧湿地或产碱系统(Younger et al.,2002)。具有曝气功能的向下流系统已被用作深度处理反应器,以去除水中的氨(Wallace et al.,2006)。当对出水水质有很高的要求时,饱和式向上流是一种可以采用的方式,它可以尽量减少人或其他生物与污染物的接触,或使污水与根区的接触最大化(Tanner et al.,2002)。这些系统已作为厌氧反应器在实验室中使用,以对含氯溶剂进行还原脱卤(Pardue et al.,2000;Kassenga et al.,2003)。

4. 潮汐流(充水和排水)

该类系统对颗粒基质床进行循环式的充水和排水。在循环的充水阶段,废水被注入湿地床的底部。水流向上移动,逐渐充满湿地基质。当湿地顶部表面被淹没时,充水就完成了。然后停止水泵系统的运行,将废水保持在基质床内,与在基质上生长的细菌相接触。经过一段时间后,排出湿地中的水,从而空气进入湿地基质的空隙中。这类系统创造了循环的氧化还原条件,包括氧化阶段和还原阶段(Austin et al.,2007)。充水和排水的频率取决于应用需求,通常约为 2 h(Sun et al.,1999)。潮汐流湿地可以成对出现,平行地运行,当一个用于充水时,另一个用来排水。这种模式被称为往复式运行(Behrend,2000)。在充水过程中,水流是水平向和竖直向流动的组合,但在排水过程中,主要是竖直向下流动。

垂直流人工湿地除了在消减 BOD 和 TSS 方面具有优势之外,还具有优异的硝化反应潜力,然而,它们在反硝化作用方面不是很有效(Kadlec et al.,2009)。相比之下,表面流湿地对 TSS 的去除和对硝态氮、亚硝态氮的反硝化作用很有效,但对铵态氮的硝化作用不明显;水平潜流湿地对 TSS 和硝酸盐的去除也很有效,但是单位成本要明显地高。出于对提升处理效果的需求不断增加,加上每种湿地的局限性,使得在许多情况下不可避免地选择复合式或集成式的湿地单元系统。

复合式湿地系统通常由水平流和垂直流人工湿地系统组成,分阶段运行。因此,这两种类型的人工湿地被组合为"垂直流-水平流"或"水平流-垂直流"系统(Vymazal,2006)。事实上,可能有多种的组合,包括垂直流湿地后接垂直流湿地,水平流湿地后接表面流湿地,以及加入其他阶段的过滤环节,比如从一个阶段到另一个阶段的水的再循环处理(Brix et al.,2003)。

2.4.2　复合系统

1. 垂直流-水平流系统(VSF-HF)

这种方法可以追溯到 Seidel 的最初研究(Seidel,1966)。这一过程被称为 Seidel 系统,该系统包括两个阶段,即垂直流湿地后接一个或多个水平流湿地。在 1980 年代的早期和中期,法国和英国建造了几种类型的 Seidel 型的混合系统。在 1990 年代和 21 世纪初,许多欧洲国家建造了垂直流-水平流系统,当前这类系统在世界各地得到了越来越多的关注。

在 VSF-HF 系统中,第一阶段为 TSS 和 BOD 去除,并为硝化反应提供了合适的条件(好氧),第二阶段提供了适宜的反硝化条件(缺氧/厌氧)。

2. 水平流-垂直流系统(HF-VSF)

这种结构的设计思路是,在第一阶段使用一个水平潜流湿地去除 BOD、TSS,同时提供厌氧环境促进反硝化作用(Johansen et al.,1996)。这一环节降低了后续垂直流湿地的需氧量,垂直流湿地可以进一步去除有机物和悬浮物,并通过硝化作用将氨氧化为硝酸盐。然而,为了去除总氮,必须将垂直流湿地排出的经过硝化的出水回流到前端的沉淀池,进行再处理。

Brix 等(2003)报道了位于丹麦 Bjøstrup-Landborup 的一组水平流(456 m²)－垂直流(30 m²)组合的人工湿地,该系统具有良好的处理性能,其中,NH_4^+-N 和 TN 浓度分别从进水中的 60 mg/L 和 72 mg/L,降低至出水中的 2 mg/L 和 28 mg/L,见图 2.4。Laber 等(1999)对尼泊尔的一组 HF(140 m²)-VSF(120 m²)混合湿地的研究证明了出水再循环的重要性。该系统对氨有良好的去除效果,然而,由于系统末端 VSF 湿地中几近于零的反硝化反应,系统对总氮的去除率很低。氨氮在垂直流湿地阶段被氧化为硝酸盐,没有进行循环,而是被直接排放了。

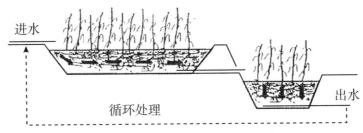

图 2.4　复合式水平流-垂直流湿地系统结构原理图

3. 饱和式向上流或向下流

Chang 等(2012)建造了一个复合式垂直流人工湿地,用以处理模拟生活污水的试验。如图 2.5 所示,该系统由一个向下流的湿地(1 m×1 m×1 m)和一个向上流的湿地(1 m×1 m×1 m)组成。基于试验结果,在负荷率为 250 mm/d 情况下,该系统对 COD 和 TP 的平均去除率分别为 61% 和 52%。但在整个试验期间,溶解氧供应不足导致硝化作用受限,该系统对氮的去除效果不佳(第 1 阶段为 15%,第 2 阶段为 13%)。

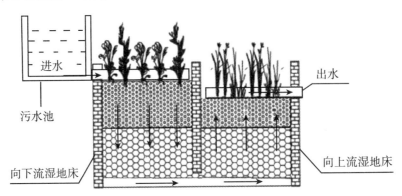

图 2.5　复合式向下流-向上流人工湿地结构示意图

4．垂直流-水平流-垂直流(VSF-HF-VSF)

Tunçsiper(2009)建造了一个三级式人工湿地实验系统，用以去除经过前处理的生活污水中的氮，该系统由一个没有种植植物的垂直流砾石过滤床、一个水平潜流湿地和一个垂直流湿地串联而成，见图 2.6。结果显示，在水平潜流湿地中，有适宜的反硝化反应环境，但是硝化作用受限，导致其对 NO_3^--N 的去除率较高，而对 NH_4^+-N 的去除率较低。在垂直流湿地中，由于植物根际氧化作用和湿地上层曝气作用所产生的好氧环境，该阶段具有较高的 NH_4^+-N 去除率。整个系统对 NH_4^+-N 和 NO_3^--N 的平均去除率分别达到了 91% 和 89%。

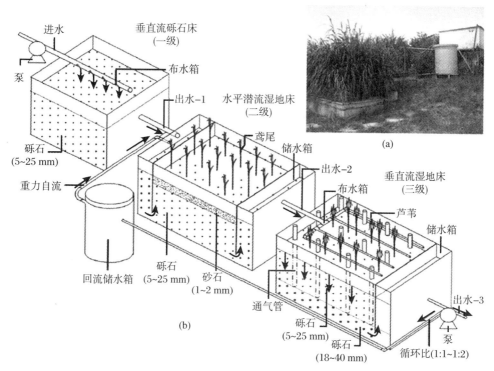

图 2.6　复合式垂直流-水平流-垂直流人工湿地系统结构示意图

5．垂直流-垂直流-水平流(VSF-VSF-HF)

Vymazal 等(2011)评估了一组含有三个阶段的复合湿地的性能，该实验系统包括一个饱和的垂直流湿地床、一个自由排水的垂直流湿地床和一个水平潜流湿地床，重点研究了氮的去除，如图 2.7 所示。处于第一个阶段的饱和垂直流湿地，被用来促进反硝化作用，以期使整个系统能够输出低浓度的总氮。该实验系统展示出了能够进行实际应用的潜力。在系统的稳定运行期内，BOD_5 和 COD 的去除率分别为 95% 和 84%，对应的平均出水浓度分别为 10 mg/L 和 50 mg/L。NH_4^+-N 在自由排水垂直流湿地床中基本上得以去除，最后环节的水平潜流湿地也有效地降低了硝酸盐的浓度。系统进水中 NH_4^+-N 的平均浓度为 29.9 mg/L，在出水中被降低至 6.5 mg/L,平均去除率为 78%。同时,出水中硝态氮的平均浓度仅仅从 0.5 mg/L 上升到 2.7 mg/L。该系统对悬浮物的去除也非常有效,最终出水中的浓度低于 10 mg/L,平均去除率在 90% 左右。

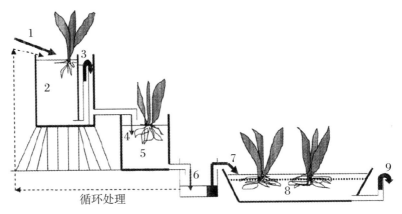

图 2.7　垂直流-垂直流-水平流复合型人工湿地

1.进水(预处理后的城市污水); 2.饱和厌氧垂直流湿地; 3.湿地水位调节(溢流到第二阶段); 4.饱和厌氧垂直流湿地出水; 5.自由排水垂直流湿地; 6.自由排水湿地的出水; 7.水平潜流湿地进水; 8.水平潜流湿地; 9.湿地系统最终出水

2.4.3　基质选择

一般而言,基质材料的选择是人工湿地的处理功能是否能够实现的关键。需要强调的是,基质材料仅仅只是为微生物的生长繁殖提供附着面积。事实上,是微生物完成了污染处理过程。为了让微生物有效地完成它们的工作,在使用人工湿地去除溶解的和悬浮的污染物时,湿地的设计必须考虑使营养物质和氧气均匀地分布。

由于垂直潜流湿地的核心要素是过滤基质,因此对理想的基质材料所应有的特征进行了解是很有必要的。湿地所使用的基质类型极大地影响湿地的建设和运营成本。在实际应用中,某些特征可能是相互排斥的,需要进行取舍与平衡。下面列举了良好的过滤材料所应具备的相关特征:

(1) 高比表面积

比表面积是衡量一个给定体积中含有多少生物活性面积的指标。在很细小的裂隙或孔隙中所包含的表面积,可能并不总是可供生物使用。可供微生物生长的总的表面积,可以很好地用来预测基质材料转化污染物的能力。比表面积也是影响湿地成本的一个重要变量。例如,如果单位体积基质 A 的比表面积是基质 B 的两倍,那么基质 B 将需要一个比基质 A 大两倍的容积来完成相同的功能。从经济的角度来看,使用最小的体积来完成所需的功能是合理的。如果没有其他更重要的考虑,那么使用具有最大比表面积的基质将使体积成本最小化。

（2）高空隙率(孔隙率)

空隙率是指基质层中开放空间所占总体积的百分比。换句话说,是基质本身所没有占据的空间。基质空隙率从 15% 到 98% 不等。高空隙率允许水或空气能够自由和不受限制地流动。

（3）抗堵塞

这一参数非常重要,但难以量化。就像滤网或其他颗粒物过滤器一样,过滤基质的堵塞可以通过它对颗粒物的物理捕获而发生。堵塞也可能会来源于基质表面生物膜的生长,以及生物质跨越基质间或内部空隙的桥接作用。通过观察基质层内的孔隙率和孔径,可以预测或比较各种基质的堵塞发展趋势。其中,孔径是更重要的参数。

对于垂直流湿地来说,堵塞是一个非常严重的问题。往轻的方面来说,这也是一个需要持续维护的问题,在最坏的情况下,它能完全破坏过滤基质的处理性能。堵塞的另一个原因,是基质材料装填密度的不均匀性。如果在湿地内某些区域,基质材料的装填密度比其他区域更密集,则可能导致部分堵塞。基质密度较高的区域可能会产生堵塞,导致无法运行,而剩余的其他部分则变成通道式或局部的高流量区域。这可能导致湿地处理性能大幅下降。

（4）单位面积成本低

如前所述,类似于生物滤床,人工湿地的基本功能主要是提供一定数量的空间和表面积供微生物生长。在其他所有条件相同的情况下,使湿地的单位面积成本最低,是一个重要的考虑因素。

（5）良好的机械强度

好的基质材料的一个特点是具有良好的机械强度。在大型湿地中,基质材料的强度要能够安全地支撑起一个或多个工人的重量。此外,良好的机械强度意味着更好的尺寸稳定性、较低的空间支撑要求和更长的使用寿命。

（6）质量轻

除了运费之外,基质材料质量也会影响到湿地系统其他部分的成本。较重的基质通常需要更坚固、更昂贵的支撑容器。如果需要进行基质的替换或移动整个湿地,轻质的基质材料也会更加便于操作。

（7）易于维护管理

好的基质材料应该很少或根本不需要维护管理。如果因为堵塞或者需要对系统进行消毒,而对湿地基质进行维护,那么对基质的移动应该能以最少的劳动力和专用设备进行。能够快速和方便地对基质进行清洗,是湿地建设中一个很重要的考虑因素。

（8）低能耗

人工湿地本身不直接消耗能量。将污（废）水输入湿地可能会需要消耗能量，同时，为湿地内微生物的生长供应氧气也需要能量。应追求以最少的劳动力和能量消耗，来完成湿地的运行和维护管理。

（9）吸湿性

为了使微生物能够附着并在基质表面生长，基质表面必须是吸湿的或亲水的。疏水或憎水的蜡状、油性或光滑的表面，不适合作为基质材料。

、在过去的几十年里，为了最大限度地减少堵塞问题或提高垂直潜流湿地的处理能力，人们使用了多样化的基质材料。一些天然材料或工业废料也被用来作为湿地基质材料，基于它们的不同特性（颗粒大小、孔隙率、颗粒表面化学等），而呈现出不同的污染物去除率。在垂直潜流湿地中使用的各种基质，包括砾石、砂、人工矿渣、有机物等，在很多文献中都有描述。表2.3列出了一些关于垂直潜流湿地基质材料的实例研究。

1. 砂

砂通常具有较小的粒径和较低的孔隙率。小的粒径产生大的比表面积，有利于生物膜的建立和表面化学反应，从而提高处理性能（Vymazal et al.，2011）。但是，如果在不正确的方式下运行，或者污（废）水超负荷，则极易发生堵塞（Cooper et al.，1996；Winter et al.，2003）。

因此，近年来，以砂为过滤基质的垂直潜流湿地，在用于处理化学工业废水和填埋场渗滤液时，通常采用间歇式进水方式，或者与其他过滤材料如沸石或砾石等结合使用，并将其置于湿地基质的顶层（Herouvim et al.，2011；Kadlec et al.，2010）。

此外，砂的类型对于污染物的去除也有重要的影响。与以河砂为基质的垂直潜流湿地相比，在各种测试条件下，以碎石砂为基质的垂直潜流湿地的性能明显地较差。最主要的原因可能在于，碎石砂的棱角外形使生物质的附着较为困难（Torrens et al.，2009）。

2. 砾石

由于当地取材的便利性，垂直潜流湿地通常使用各种尺寸的砾石为基质进行污（废）水处理。来自自然界的材料容易获得、价格低廉，并且具有相对较高的比表面积。砾石通常具有惰性和耐用性，并且具有优良的机械强度。通常来说，它们的亲水性也很强，遇水可以立即润湿。

砾石型湿地的主要缺点是孔隙度较低。因此，这些类型的过滤系统往往倾向于快速的堵塞。为了避免堵塞，砾石之间的空间必须相对较大。一般情况下，颗粒间孔隙的大小与砾石的尺寸直接相关。然而，比表面积与砾石的大小却成反比关系。如果使用开凿尺寸足够大的砾石来避免堵塞，那么比表面积则可能会太小。

表 2.3　垂直潜流人工湿地中使用的过滤材料

基质材料	研究尺度	污(废)水类型	研 究 结 果	参 考 文 献
木质覆盖物	实验室	模拟生活污水	BOD_5(71.3%)、NH_4^+-N(99.6%)、TN(97.8%)和 TP(60.3%)的去除效率较高,但导致有机物净增加	Saeed et al.,2011
人造纤维	实验室	雨水径流	有效去除 TSS(>95%),COD(>75%)和 TP(>75%),但 TN 去除率较低(约 20%)。由于材料孔径较小,容易堵塞	Chen et al.,2012
砂	实验室	生活污水	硝化作用增强,但造成严重的渗滤问题	Vymazal et al.,2011
高炉矿渣	实验室	生活污水	由于较高的 Ca 含量和多孔结构,磷吸附能力较强	Korkusuz et al.,2007
砾石、堆肥	中试	炼油厂含油废水	堆肥湿地对 TSS、COD 和重金属(Fe^{2+},Cu^{2+},Zn^{2+})的去除效果,优于砾石湿地	Aslam et al.,2007
火山砾石	中试	城市污水	COD(>78%)、NH_4^+-N(>84%)和 SS(>95%)的去除率较高,但磷的去除率较低(约 20%)	Herrera Melián et al.,2010
沸石、铝土矿	中试	模拟市政污水	沸石在有机物和脱氮方面去除率良好(>90%),铝土矿的磷滞留率较高(67%)	Stefanakis et al.,2012
椰壳、沸石和石灰岩	实验室	酸性废水	石灰石和沸石湿地对砷(>92%)和铁(>86%)的去除率较高。椰壳显示出去除硼的潜力	Allende et al.,2012
方解石	中试	温室废水	铵态氮和磷的吸附量较高,但总氮去除率较低	Seo et al.,2008

更进一步地讲,砾石材料的比表面积小,又导致容纳填料所需的湿地容积变得太大。砾石的另一个主要缺点是它的重量较大。湿地结构必须足够坚固,以支撑砾石的重量,因此会导致较高的首期建设成本和维护成本。而且,一旦安装在指定的位置,就很难再进行移动。

通常来说,这种类型垂直潜流湿地中的硝化反应效率是可以接受的,但由于缺乏有机物,反硝化作用则通常不能令人满意。氮的去除一般是由微生物主导的硝化和反硝化过程所共同完成的,因此,该类型湿地的脱氮效率也很普通。

在垂直潜流湿地中,磷酸盐去除的主要机制是吸附、络合、沉淀、植物吸收和生物的同化。一般而言,进水质量、负荷率、基质类型以及基质中的钙、铝和铁含量是磷酸盐滞留的主要因素(Pant et al.,2001)。砾石中这些元素的含量通常不高,因此,磷酸盐的去除率一般较低(Korkusuz et al.,2005)。

3. 火山石

在某些地区,火山砾石非常丰富。传统上,这些天然材料通常被开发为道路和混凝土的骨料,农业上用于覆盖地表,在工业中用作建筑砖块。这种多孔材料可作为基质材料,用以扩展生物膜的生长。

在已报道的垂直潜流湿地处理道路径流的研究中,对火山砾石和其他基质材料的性能进行了对比(Chen et al.,2012)。火山石基质垂直潜流湿地对 TSS、COD 和 NH_4^+ -N 的去除效果都较为良好,分别超过了 80%、75% 和 55%。但反硝化作用较弱,并且对磷酸盐磷的去除率较低,约为 20%。与普通砾石相比,火山石的密度更大,价格更高。

4. 有机材料

湿地系统中经典脱氮途径(硝化 + 反硝化)的主要问题之一,是缺乏用于反硝化的有机碳,因为反硝化酶的合成和活性依赖于有机碳的可利用性(Lavrova et al.,2010)。为了解决这一问题,可以采取两种措施:

(1) 向污(废)水中直接添加外部碳源;

(2) 从湿地基质中可控地释放有机质。

第一种方法已付诸实施,但同时增加了运行费用。对于第二种,富含有机碳的有机材料,如木屑、藻团粒(钙化海藻)、堆肥、粉碎质泥炭和松树皮的混合物,已尝试性地在湿地中作为单一过滤材料或与其他材料结合使用。

根据一些文献报道(Gray et al.,2000;Aslam et al.,2007;Wang et al.,2010;Saeed et al.,2011;Chen et al.,2012),来自有机基质中有机碳的释放增强了垂直流湿地的反硝化作用,但提升硝化反应则需依赖于额外的曝气或间歇式运行方式,以促进氧气的转移。此外,与砾石湿地相比,以有机质为基质的垂直流湿地对 TSS 和 COD 的去除效果较差,并且常常导致出水中有机物、悬浮物和磷含量的净增加。

5. 人工炉渣

除天然基质外,一些工业废物在垂直潜流湿地中的应用也值得深入的研究,这是因为它不仅可被用作基质材料,而且还可以减少固体废物管理的问题。

最常用的工业废渣是高炉灰渣(BFGS)和粉煤灰。前者是钢铁工业生产的一种多孔非金属副产品,具有较高的磷吸附能力,在先前的批处理和柱状湿地实验中已经证实了这一点(Korkusuz et al.,2007)。后者可从电厂、高炉或污水处理厂污泥的焚烧处理中获得。来自电厂或高炉的粉煤灰,被认为是一种具有较高磷吸附能力的经济型基质,可用于过滤床处理系统。来自污水处理厂污泥焚烧后的粉煤灰,含有 Ca^{2+}、Mg^{2+}、P_2O_5,发生的碱性反应对重金属、磷等元素有较好的吸附能力。此外,由于工业固废材料的颗粒尺寸较小,它们对铵态氮也有较好的去除能力。

6. 合成纤维

合成纤维是一种细长、柔软和轻质的材料。一方面,可塑性的外观使其更容易被制作成任意的形状,并具有丰富的空隙,有利于为硝化细菌所必需的曝气提供基础条件。另一方面,由于其质量更轻,在湿地装填和后期维护中,操作更为方便。

合成纤维被广泛地应用于物理过滤和生物滤床。Chen 等(2012)报道了合成纤维在雨水径流处理湿地中的应用。为了比较不同基质材料的性能,使用合成纤维、木块、浮石和火山石分别作为基质材料,开展了垂直潜流湿地处理雨水径流的柱状湿地试验研究。结果表明,纤维基质湿地对悬浮物、COD 和总磷的去除效果最好,去除率分别为95%、80%和75%;但对总氮的去除效果较差,大约为20%,主要原因在于反硝化作用较差。纤维基质有着与砾石基质类似的缺点,即孔径很小,往往会发生快速地堵塞,因而失去处理能力。由于纤维基质清洗起来比较困难,所以其堵塞问题更趋复杂化。与其他天然材料相比较,纤维的另一个缺点是它的价格更为昂贵。

7. 其他基质材料

出于除磷或去除重金属的考虑,一些特殊的材料也被用作垂直潜流湿地的过滤基质,包括石灰岩和页岩(Johansson,1997;Zurayk et al.,1997)、LWA(商用轻骨料,Zhu et al.,2003)、LECA(非惰性多孔基质,Zhu et al.,2012)、沸石(Sakadevan et al.,1998)、黏土或与土壤结合的黏土(Sakadevan et al.,1998)、浮石(天然多孔矿物;Njau et al.,2003)、硅灰石(硅酸钙,Brooks et al.,2000)、明矾、白云石和方解石(Ann et al.,1999;Pant et al.,2001)等。

2.4.4　进水类型

天然湿地和人工湿地最初是用于处理生活污水和城市废水。随着这一技术的迅速发展,它也逐渐被用来处理其他类型的废水,包括城市雨水径流、农业和动物养殖废水、商业和工业废水、矿井水和垃圾填埋场渗滤液等。作为人工湿地的一种类型,许多研究报告报道了垂直潜流湿地在不同类型废水处理中的应用,包括市政污水(Morari et al.,2009;Stefanakis et al.,2009)、生活污水(Belmont et al.,2004;Zurita et al.,2009;Chang et al.,2012),垃圾渗滤液(Bulc,2006;Yalcuk et al.,2009)、富含染料的纺织废水(Bulc et al.,2008)、制革厂废水(Saeed et al.,2012)、橄榄厂废水(Yalcuk et al.,2010;Grafias et al.,2010;Herouvim et al.,2011)、猪粪堆肥废水(Vázquez et al.,2013)、温室废水(Seo et al.,2008),以及富营养化水体(Li et al.,2008)。在一个典型的垂直潜流湿地中,进水一般被间歇式地喷洒到湿地床的上方,逐渐充满湿地表面;随后,向下渗透穿过基质层,最终在底部被收集排放(Vymazal et al.,2006)。

1. 城市污水

城市污水主要是居民生活污水,加上来自某一特定地区的市政商业污水。人工湿地已被证明能有效去除城市污水中的主要化学物质(有机物、重金属等)和生物有机体,如细菌、病毒、寄生虫等(Kivaisi,2001;Gross et al.,2007)。

基于灌溉回用的目的,Morari(2009)评估了一个中试规模垂直流人工湿地处理城市污水的效果,所使用的湿地对 COD、BOD、N 和 K 的去除率都较高,超过了 86%。

2. 垃圾渗滤液

由于具有毒性,垃圾渗滤液被列为有问题的废水,并因其富含营养和毒性作用而成为环境的危险污染源。垃圾填埋场内主要含有重金属、不同程度生物可降解性的有机物以及氨、硫酸盐和阳离子金属等无机物质。新产生的垃圾渗滤液 pH 低,BOD_5 和 COD 值高,而旧的垃圾渗滤液性质则较为稳定,且 BOD/COD 比值低。氨是渗滤液中主要的长期污染物,并且不会随着填埋时间的延长而减少(Kjeldsen et al.,2002)。

垃圾填埋场渗滤液通常被转运到废水处理厂,与城市废水和生活污水一起进行处理。但是这种处理的效果往往并不太好,因为垃圾渗滤液中的各种有害物质会影响到废水的生物处理过程。因此,通常建议对垃圾渗滤液在产生源头进行现场处理。

因污(废)水可以使用微生物降解和物理化学过程进行处理,人工湿地系统被认为是一种低成本的可选方案。Yalcuk 等(2009)开展了一项利用垂直潜流人工湿地系统处理垃圾渗滤液的中试研究。以沸石和砾石分别作为湿地基质,对 NH_4^+-N、COD、PO_4^{3-}-P 和 Fe^{3+} 的平均去除率分别为 62% 和 49%、27% 和 31%、53% 和 52% 以及 21% 和 40%。与平行运行的水平潜流湿地相比较,垂直潜流湿地对 NH_4^+-N 的去除效果较好,但对 COD 的去除率,比水平潜流湿地要低。

3. 橄榄厂废水

橄榄油提炼是地中海地区国家一项非常重要的工业,常常伴生大量的废水和固体废物。橄榄油废水由提取工艺产生,其特点是有机物含量高,包括各种类别的顽固性化合物和毒性的成分。固体的残留物通常称为油渣,通常由橄榄果肉、石头、水和残余的油组成,需要通过脱水和溶剂萃取进行下一步处理,以回收有价值的油。虽然萃取过程本身不会产生任何废水,但废渣在露天环境中堆放引起的风化,以及其含有的大量水分,会导致浸出液的产生。

由于橄榄油生产废水的污染性,橄榄油厂产生的环境问题和潜在的危害引起了许多的关注,人们开始限制橄榄油厂废水的排放,并开发新技术以降低污染物的毒性,例如近些年所尝试的各种化学和生物的处理技术。

Herouvim 等(2011)开展了一项应用垂直潜流湿地处理橄榄油生产废水的中试试验研究。在平均的进水负荷为 14120 mg/L(COD)、2841 mg/L(苯酚)、506 mg/L(TKN)和 95 mg/L(正磷酸盐)的情况下,垂直潜流湿地对 COD、苯酚、TKN 和正磷酸盐的消减非常有效,去除率分别达到了 70%、70%、75% 和 87%。

4. 富营养化水体

作为一种成本低廉、环境友好的技术,人工湿地已被广泛地应用于被污染河流和湖泊的治理。湿地过滤系统可使富营养化湖泊的 TP 和 TN 分别减少 30%~67% 和 30%~52%(Coveney et al. ,2002)。

5. 城市雨水径流

城市雨水径流来自不透水表面的雨水或融雪水,如停车场、街道和其他已开发地区。由于雨水径流没有向地下土壤层进行渗透过滤,常常未经处理就直接进入雨水排放系统,因此对受纳水体构成威胁。人工湿地是当前对雨水径流进行前处理的非常有效和经济的方法。

在接纳的进水的流速和污染物浓度方面,雨水湿地和一般的污(废)水处理湿地存在明显的不同。一般的处理湿地所接纳的污(废)水具有相对均匀的流速和稳定的污染物浓度。然而,雨水湿地的运行是由事件驱动的,即只有在发生降雨时,才能接纳到进水,并且雨水径流在流速和污染物浓度方面存在很大的波动。

对于城市雨水径流来说,最受到关注的是其高浓度的泥沙和悬浮物含量,特别是初期雨水,承载了大部分的污染物质。同时,还可能含有重金属,特别是来自道路、停车场或桥梁的雨水径流。

此外,应在垂直潜流湿地之前,设置一个前处理池或其他的预处理环节,以便去除那些能够降低系统性能的粗颗粒物。

2.4.5　氧气转移

对比传统的水平潜流人工湿地,垂直潜流湿地的主要优势在于更高的氧转移速率,以及随之而来的更高的有机物去除能力和硝化反应效率(Kayser et al. ,2005)。

潜流湿地中氧转移的主要途径是大气扩散、植物介导的氧迁移(如根际释放)和基质孔隙中空气的对流性运动(Tanner et al.,2003;Kadlec et al.,2009)。

对于一个典型的垂直潜流湿地,一般来说,其连续进水时间最多为两天,然后停止进水 4~8 天(休息期)。间歇式运行的目的是缓解来自进水中悬浮物质或湿地内微生物生长产生的基质堵塞。在停止进水期间,湿地内的有机悬浮物质被水解和降解,从而可以使更多的水流通过滤床。湿地床在以非饱和流模式运行的情况下,通过水流带入和休息期的空气扩散,至少可使部分区域保持为好氧状态。

对于污(废)水处理来说,湿地进水对氧的需求通常超过潜流湿地中可用的氧气含量(Kadlec et al.,2009)。因此,在潜流人工湿地中,氧气的供应往往受限于它的迁移速率。在这种情况下,为了提高湿地处理效率,就需要额外供应氧气。

基于对文献的调查,可以通过被动或人工的曝气,实现氧气从大气到湿地床的迁移。

为了促进对污水处理厂二沉池出水的硝化作用,Green 等(1998)设计了一种利用空气泵进行被动曝气的垂直潜流湿地床。如图 2.8 所示,该实验室尺度处理单元的面积为 0.1 m²(0.32 m×0.32 m),高度为 0.75 m。该湿地由一个下层的饱和带和上层的非饱和带组成,所用基质为砾石。非饱和带顶部覆盖粗砂,从而在进水时能够在顶部形成积水,以确保进水的均匀分布。使用一个位于湿地中间的通风管,将外部大气和湿地下层相连通,通风管的直径为 1 cm,长度为 37 cm(置入湿地表面以下 3 cm)。湿地采用循环的慢速进水和快速排水的模式运行,通过通风管使湿地床内外的空气进行交换,从而增强湿地的曝气复氧。根据试验结果,当进

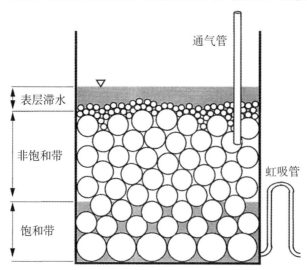

图 2.8　使用被动式气泵曝气的垂直流人工湿地结构示意图

水 NH_4^+-N 浓度为 $10\sim20$ mg/L（许多国家二次出水的典型值）时，可达到 $1\sim$ 1.9 $m^3/(m^2 \cdot d)$ 的处理效率。与已经报道的案例相比较，即使与休息期（疏干期）是进水期四倍的湿地相对照，这一数值也明显要高。

Lahav 等（2001）开发了一种带有被动式曝气的非饱和流生物滤床。它结合了垂直潜流湿地的优点（无能量输入、低投资和运营成本、低维护成本和高可靠性），以及滴滤的高负载率。该系统带有一个"被动式气泵"，由湿地床周期性的充水-排水运行模式进行驱动，如图 2.9 所示。

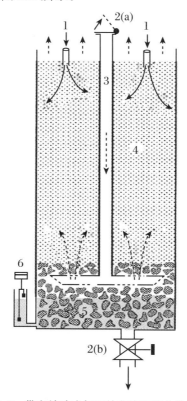

图 2.9　带有被动式气泵的非饱和流生物滤床

注：实线表示水的流向，虚线表示空气流向。1. 废水入口；2. 基于液位的电动控制阀：
（a）进气，（b）排水；3. 进气管道；4. 细砾石层；5. 粗砾石层；6. 水位控制装置。

在快速排水阶段（抽吸阶段），出水由湿地床的下部流出，其在湿地内原先所占据的空间，被由通风管导入的等量新鲜空气所替代。曝气管道穿过多孔基质，将大气和湿地床的下部连通，并且只在排水阶段打开。排水结束后，曝气管道顶部的电磁阀门关闭，将富含氧气的空气留在湿地床内。在进水阶段，处理后的水在床的下部积聚，将排水阶段捕获的空气从湿地床向上推回大气。这使向上流动的氧气和向下流动的水之间产生良好的相互作用，最大限度地提高氧气的传输和利用，同时最大限度地减少氧气损失。结果表明，与高速滴滤相似，该工艺实现了最大的氨氮去除率(1100 g N/(m² · d)),比依赖大气扩散曝气的垂直流湿地床的去除率高一个数量级。

在一些官方指南中也考虑了被动曝气的设计。基于农村地区单体住宅的污水处理需求,丹麦环境部发布了《生活污水现场处理手册》。如图 2.10 所示,垂直潜流湿地底部的排水层,通过延伸到大气的垂直通气管道进行被动式曝气,以提升氧气向湿地床基质的输送(Brix et al.,2005)。

虽然人工曝气需要额外的能量投入,但是它能带来一些益处,特别是当人工湿地在高水力负荷下运行的时候。在湿地中采用人工曝气,最初是为了在寒冷气候环境处理难降解的废水(Higgins et al.,1999)。人工曝气能够增加生物活性,从而促进硝化和反硝化反应(Cottingham et al.,1999)。

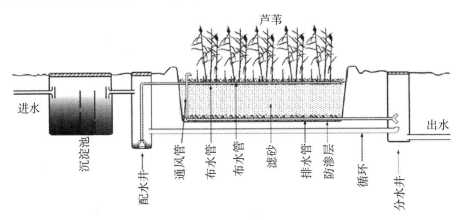

图 2.10　服务于单体住宅的被动式曝气垂直潜流人工湿地结构示意图

Fan 等(2013)研究了五种垂直潜流人工湿地对人工合成废水中有机物和氮的去除情况,实验在不同的曝气和进水模式下进行,见表 2.4。

表 2.4　用于人工合成废水处理的五种垂直潜流人工湿地的运行模式

湿地反应器	挺水植物	曝气模式	进水模式
A	无	无	序批式
B	芦苇	无	序批式
C	芦苇	连续曝气	序批式
D	芦苇	间歇曝气	序批式
E	芦苇	间歇曝气	分步式

这些微型湿地反应器以清洗过的砾石作为主要基质。此外,在每个湿地反应器的中间位置,向基质内垂直置入一个多孔的 PVC 管,用以实时测量各种物理和化学参数,如图 2.11 所示。在湿地 C、D、E 的底部,安装了多孔的曝气装置进行辅

助曝气,通气流速为(2 ± 0.5) L/min。

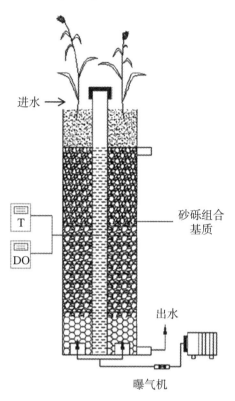

进水

砂砾组合
基质

T

DO

出水

曝气机

图 2.11　带有人工曝气装置的微型垂直潜流湿地剖面

根据四个月的运行实验结果,间歇曝气结合分步式进水的湿地,在有机物、NH_4^+-N 和 TN 去除方面展示了最好的效果,去除率分别达到了 97%、96% 和 82%。其性能要明显优于无曝气的湿地 A 和 B,也好过间歇曝气但是没有采用分布式进水的湿地 D。连续曝气的湿地 C,其有机物去除和硝化作用明显得到增强,但由于反硝化水平低,严重限制了 TN 的去除,去除率仅为 29%。

Dong 等(2012)设计了三种垂直潜流人工湿地,用于评价人工曝气对重度污染河水处理效率的影响,实验在不同的水力负荷下运行,曝气模式为无曝气(NA)、间歇曝气(IA)和连续曝气(CA)。湿地的结构如图 2.12 所示,特别地,湿地的曝气系统由一个气泵和一个能产生微小气泡的曝气管组成,曝气管的高度为 30 cm。间歇曝气由一个计时器进行自动控制,每隔一小时运行一次。结果表明,人工曝气提高了间歇曝气和连续曝气湿地的溶解氧浓度,从而明显地促进了有机物和 NH_4^+-N 的去除。间歇曝气产生的溶解氧浓度梯度变化,在湿地中分别形成了好氧区和缺氧区,从而促进了总氮的去除。在水力负荷为 19 cm/d 的情况下,最高的COD_{Cr}和 NH_4^+-N 去除率出现在连续曝气湿地中,分别为 81% 和 87%,而间歇式曝气湿地则表现出了最高的 TN 去除率,为 57%。与连续曝气相比,间歇曝气不仅降低了运行成本,而且在湿地内产生了不同的氧化还原区域,有效地去除了总氮。

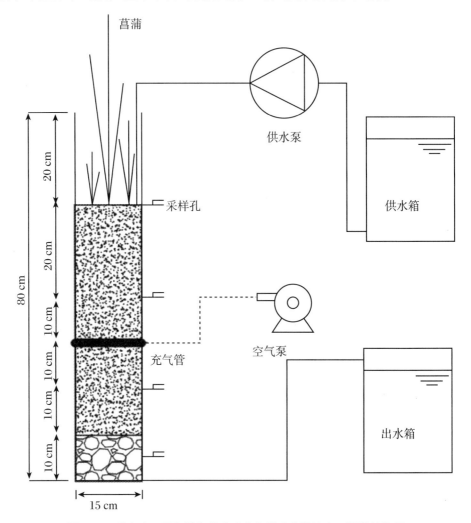

图 2.12　带有人工曝气设备的实验室规模垂直潜流人工湿地结构图

　　一些研究还报道了带有出水再循环设计的湿地系统内的氧气转移(Sun et al.,2003;Gross et al.,2007;Konnerup et al.,2011)。例如,Sklarz 等(2009)研究了一种创新式的灰水处理系统,即对出水进行再循环的垂直潜流人工湿地,如图 2.13 所示。该研究对传统垂直潜流湿地的结构进行了重构,系统的上部是一个垂直潜流人工湿地床,进水首先被分配到湿地床的植物根区,然后逐渐向下渗透穿过基质,汇聚到下部的蓄水池中,从那里再被循环回到植物根区,直到达到所需的出水水质。在该系统中,当废水在湿地床基质内渗透和从湿地床滴入蓄水池时,通过氧气的扩散作用实现曝气。

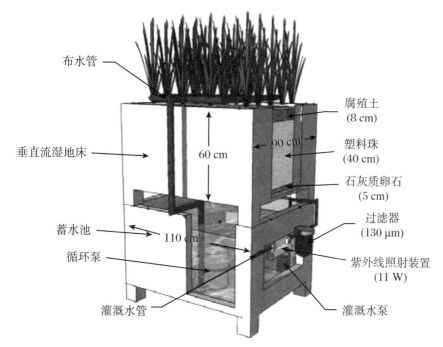

图 2.13 中试型循环式垂直潜流人工湿地结构图

2.4.6 基质堵塞

在垂直潜流人工湿地中,物理、化学和生物等处理过程作用下所积累的无机和有机物质,可能会导致多孔基质的逐渐堵塞。伴随着堵塞过程,湿地出现处理性能的下降或水力方面的障碍,如在表面形成积水,以及污水未经充分处理而从基质中某些通道穿过。堵塞的发展最终可能会导致需要对基质进行修复,从而限制湿地系统的运行时间(Kadlec et al.,2009;Nivala et al.,2009;Knowles et al.,2011)。

1. 引起堵塞的因素

固体物质的截留和生物膜生长被认为是导致堵塞的主要原因,它们分别来源于悬浮颗粒物的滞留和微生物降解污染物时产生的过多生物量。这会导致过滤基质内部和基质颗粒间的堵塞以及基质有效孔隙、渗透性和导水率的逐渐降低。

悬浮固体通过转运和附着机制被过滤和滞留在潜流湿地中。它们可以在潜流湿地的内部和表面积累,从而降低湿地内部的水力传导率,或阻碍水流向湿地基质中渗透。大颗粒的沉降是潜流湿地中颗粒物去除的另一种机制,主要发生在垂直潜流湿地的表层(Kadlec et al.,2009)。此外,可以经常观察到,颗粒物去除效率的最低点是直径为 $1\sim2$ μm 的颗粒。这是因为,它们粒径太小,无法通过重力沉淀和其他物理效应去除;但相对于静电作用和布朗力来说,它们又显得偏大,而无法受到影响(Yao et al.,1971;Zamani et al.,2009)。颗粒在基质表面的滞留是由于吸附的电化学效应,附着的强度取决于颗粒、基质表面和流体的相对电荷(Hermansson,1999)。

另一方面,微生物在多孔基质中的迁移和附着,可以使用与固体颗粒相同的原理来描述(Hermansson,1999;Tufenkji,2007)。在潜流人工湿地中,大部分生物量是在基质表面形成的生物膜,而在废水中悬浮的生物量很少(Khatiwada et al.,1999)。由于生物膜类型的多样性,因此,它对水力学的影响有很大的差异性。

在饱和状态下,生物膜通常形成丝状菌落或团聚体,在孔隙之间发展出网状结构,相比于均匀的表面生物膜层来说,它更能有效地捕捉颗粒(Mays et al.,2005)。因聚集成分和群落结构的不同,生物量密度随之发生变化,并最终对基质的水力传导率产生影响。大多数生物膜分泌细胞外聚合物黏液,类似于具有纳米级孔径的凝胶网络,因此使其具有相对的不渗透性,并易于与其他无机和有机的材料形成联系(Baveye et al.,1998;Thullner,2010)。

此外,湿地植物、化学沉淀和堵塞物质的成分也会影响堵塞过程。Kadlec 等(2009)指出,湿地植物对堵塞的发展也有影响,其方式主要是基质孔隙之间的根系生长(地下堵塞)和植物衰亡的枝叶凋落在湿地表面(表面堵塞)。金属氢氧化物、金属硫化物、碳酸钙和元素硫的化学沉淀,可能会在基质表面形成薄膜状涂层,从而导致基质层的堵塞(Sheoran,2006;Fleming et al.,1999;Kadlec et al.,2009)。对于堵塞的研究,起初一般认为有机物将会得到充分的分解,因此只有无机的固体颗粒物会导致堵塞。然而,现有文献已经证实,无论是有机物还是无机物,它们的积累都可以导致堵塞(Tanner et al.,1998;Nguyen,2001)。

2. 堵塞的测量

堵塞的程度和影响可以用三种方法测量(Nivala et al.,2012):

(1) 水力传导率测量,以指示堵塞的严重程度。

(2) 示踪测试,以了解堵塞物对多孔基质内水流的影响。

(3) 堵塞物质特性表征,以阐明堵塞的程度和性质。

每种测量方法都提供了其他方法所无法提供的信息。由于没有单一的方法可以定量测量潜流湿地中的堵塞程度,因此可能需要这三种方法的共同使用,才能真实地了解人工湿地中堵塞的发展。

已有研究报道了水平潜流湿地中水力传导率测量的一些方法,但可以用于直接测量垂直潜流湿地中基质渗透性的方法只有几种(Knowles et al.,2011)。最近的研究中,在垂直潜流湿地中使用了在线的变水头渗透率仪(García et al.,2007),或开展了定水头试验(Knowles,2011)。前者基于变水头透水性测试(Lefranc's Test),后者则源自达西定律。

示踪剂测试可用于潜流湿地的各个位置,以确定湿地内优先流的路径,并借以研究湿地内水流如何被进水分布的不均匀性(Knowles et al.,2011)、根区涡流(Fisher,1990;Breen et al.,1995)和表面堵塞(Christian,1990;Batchelor et al.,1997)等因素所影响。

测量堵塞物质特征的技术包括积累的固体颗粒的测定、湿地床孔隙的测量以及主体基质电磁特性与堵塞物积累之间关系的原位测试。多孔基质空隙中积累的固体物质的测定,可以通过样品提取、基质中堵塞物质清洗、105 ℃下干燥、堵塞物质称重等步骤来进行(Chazarenc et al.,2005)。堵塞的严重程度,也可以通过测量生物质生长前后,基质内可排水孔隙的变化来进行评估(Suliman et al.,2006)。此外,一些探测技术,如电容探针(Langergraber et al.,2003)、时域反射法(TDR)探针(Platzer et al.,1997)和探地雷达(Cooper et al.,2008)等,也已被用于评估堵塞物质的积累情况。

3. 模型研究

可以使用数学模型来评估堵塞过程。数学模型提供了进行预测的工具,从而能够指示何时需要对湿地的堵塞进行干预,以及湿地的各种运行和维护方式如何影响堵塞的发展。当前的模型具有不同程度的复杂性,并且没有一个通用的、公认的框架。根据其复杂性,堵塞模型可分为两类:

(1) 仅基于进水悬浮固体负荷的模型。

(2) 包括其他因素的模型,如生物膜生长和化学沉淀(Nivala et al.,2012)。

早期对垂直潜流湿地堵塞进行模拟的尝试基于以下假设,即随着时间的推移,进水中悬浮固体在湿地内逐渐累积,导致基质孔隙逐渐变小,因此当孔隙为零时,即预示着湿地系统寿命的终结(Blazejewski et al.,1997)。随后,该方法被予以拓展,使其适用于含有一定比例固体物质的可生物降解成分(Hua et al.,2010)。Kadlec 等(2009)使用以下关系式归纳了堵塞发生的时间:

$$t_{clog} = \alpha \frac{\rho_{solid}}{qC_i} \tag{2.28}$$

式中,t_{clog}:堵塞发生的时间,单位为 d;

α:经验系数,单位为 m;

q:水力承载率,单位为 m/d;

C_i:进水中总悬浮固体浓度,单位为 g/m³;

ρ_{solid}:积累固体的密度,单位为 g/m³。

Hyánková 等(2006)开发了一种模拟堵塞现象的替代方法,即利用导水率损失与累积的固体负载之间的指数关系。可以使用以下形式进行描述:

$$K = a \cdot \exp(-b \cdot s) \tag{2.29}$$

式中,K:湿地基质的饱和导水率,单位为 m/d;

a:湿地基质的初始导水率,单位为 m/d;

b:根据系统设计和运行条件,用以描述基质堵塞趋势的体积参数,为数据拟

合参数,单位为 m^2/g;

　　s:自湿地系统启动以来的累积施加负荷,单位为 g/m^2。

　　第二类模型更为复杂,并考虑了无机固体和有机固体等生物或化学因素的相对影响(Rousseau et al.,2005)。在一项研究中,Giraldi 等(2010)开发了一种垂直流人工湿地的反应传输模型,称之为 FITOVERT。在该模型中,堵塞的断定是依据基质孔隙度的减少,而后者减少的原因则包括生物生长和颗粒物的积累。

4. 堵塞管理

　　对潜流湿地堵塞的管理,可以分为两类:预防和恢复。前者包括最优化管理、进水和负荷调节,以及改变水力运行条件,如间歇式运行、反冲洗或反转水流方向。后者包括用新基质替换脏旧基质,取出、清洗和再利用基质,在基质床层上施用化学物质,以及近期对蚯蚓的使用。

　　人工湿地不是一种安装后就不用再管的解决方案。最优化管理应包括一些定期的预防性维护,如进水分配维护、出口水位管理、污泥清除、表面修整、基质更换和植被清除(Cooper et al.,2008;Turon et al.,2009)。

　　进水断面负荷最小化,是防止基质床层堵塞的最早的设计考虑之一。进水 BOD 负荷通常被用作控制参数,而不考虑化学沉淀或难降解物质的逐渐累积(Wallace et al.,2006;Kadlec et al.,2009)。

　　运行状况的变化,如间歇式运行,可用来将床层堵塞的影响降至最低(Sun et al.,2005;Austin et al.,2007)。在湿地休息期,空气被迅速地转移进入湿地床,可能促进了有机固体的原位好氧降解。然而,这些方法实际上却可以增强无机固体的形成,如氢氧化铁沉淀物,从而加剧堵塞(Nivala et al.,2007)。另一种对运行方式的调整,是使用向上的饱和流对基质中积累的固体物质进行反冲洗。Fei 等(2010)报道说,去除基质中截留的固体物质需要 $9\sim15$ $L/(m^2 \cdot s)$ 的冲洗速率,并且,使用混合的空气或水进行冲洗是最有效的处理方法。

　　对堵塞的垂直潜流湿地进行修复,其中一个可选项是取出基质并用新基质进行替换。这种方法需要一定的劳动力,并且在取出基质时需要小心,以确保衬垫层不被损坏。Kadlec 等(2009)报道称,美国明尼苏达州两个潜流湿地中基质的挖掘和置换成本,分别为整个处理系统初始建设成本的 10% 和 19%。另一方面,对堵塞的基质进行挖掘和清洗,然后进行再利用,是一种越来越得到应用的方法。它消除了填埋脏旧基质和购买新基质的成本,但处理清洗出来的堵塞物仍然会产生一些成本问题(Murphy et al.,2009)。

　　作为一种非侵害性的技术,在处理砾石基质湿地堵塞时,化学药剂如 H_2O_2 的使用,受到了关注。使用这种技术,无需再对湿地基质进行取出、冲洗或更换。Hua 等(2010)研究了三种不同化学药品的使用情况,即 0.125 mol/L 氢氧化钠、盐酸和次氯酸钠,以修复砾石基质垂直潜流柱状湿地中的堵塞(初始孔隙度为

27%)。在堵塞基质的孔隙率为 5.3% 时,一周内每天重复投加化学药品(反应时间为 8 h),对应使用 HCl、NaOH 和 NaClO 的处理,有效孔隙率分别被恢复到了15%、18% 和 23%。

在最近的研究中,蚯蚓在堵塞的垂直潜流湿地中的应用受到了关注。Li 等(2011)对六个完全堵塞的垂直潜流湿地进行了全面的研究,得出如下结论:添加 $0.5 \, kg/m^2$ 的蚯蚓,可以在十天内改善堵塞,并且不会对出水水质产生负面影响。根据文献中报道的费用构成,这可能是成本最低的解决湿地堵塞的方案。

2.4.7　植物选择

与表面流人工湿地相比,潜流湿地并不依赖植物来维持其处理过程。只有当附近缺乏种子库,并且过滤基质不适合种子发芽的情况下,潜流湿地才需要进行植物的移植。

在潜流湿地中,不同植物类型在处理性能上也存在着细小的差异,但是由于植物在这些湿地系统中能发挥的作用有限,因此植物类型不同所带来的影响,往往被湿地系统的其他差异性所掩盖。因此,在 Brisson 等(2006)开展的 27 项比较调查中,对 47 个植物类别进行了研究,但并没有得出一致性的结论。理论上,根系能够穿透到基质中的植物,可能会增强湿地的处理能力。植物根系的影响包括:

(1) 提供了额外的供生物膜附着的表面。

(2) 向基质中扩散氧气,然而,相对于很多潜流系统内部和外部的有机负荷来说,这种植物介导的氧转移非常小。

(3) 产生化学分泌物。

(4) 引入其他真菌和共生细菌。

这些现象的共同作用是在潜流湿地系统内形成更大、更多样的微生物群落。通过对不同潜流湿地中植物的调查,并没有得到令人信服的证据,能够证明某一类型植物可以提供更好的处理性能(DeBusk et al.,1989;van Oostrom et al.,1990;Batchelor et al.,1990)。

湿地设计者通常更关注易于繁殖并能够在相对恶劣的环境中生存的植物,世界上最常用的湿地植物是芦苇。芦苇生长速率快,根系发展能力强,对饱和土壤环境有良好的耐受性。另外,普通芦苇还能为一些野生动物提供栖息地,从而带来一些额外的益处。

芦苇有着悠久的栽培历史,在欧洲几乎是用于湿地处理系统的唯一植物。然而,在美国的许多地区,芦苇被视为外来入侵植物,因而使用受到了限制。表 2.5列举了垂直潜流湿地中使用的植物类别。

表 2.5　应用于垂直潜流人工湿地的植物种类

植物类别	研究规模	进水类型	污染物负荷	研究结论	参考文献
芦苇，香蒲	实验室	模拟矿井废水	溶解性铜和铝，浓度分别为 0.99 mg/L 和 1.28 mg/L	在铝、铜和 BOD_5 去除方面，大型植物没有提高湿地的性能	Scholz et al.，2002
芦苇	中试	纺织废水	130 mg/L 和 700 mg/L	芦苇组织中的过氧化物酶能够降解染料酸性橙 7	Davies et al.，2005
风车草	实验室	生活污水	580~689 g/柱状湿地	植物在去除总氮方面发挥了明显的作用	Cui et al.，2009
马蹄莲，鹤望兰，花烛，百子莲	中试	生活污水	TSS，58 mg/L；COD，248 mg/L；TP，8.3 mg/L	在污染物去除方面，不同物种组合比单一栽培的湿地系统更有效相比无植物的湿地，种植植物的湿地有更好的污染去除效率；在	Zurita et al.，2009
芦苇，宽叶香蒲，黄菖蒲	围隔实验	食品工业污水污泥	COD，8330 mg/L；TKN，200.0 mg/L	TKN 去除方面，种植芦苇或香蒲的湿地，比种植黄菖蒲的湿地展示了更好的性能	Wang et al.，2009
三棱水葱，芦苇，灯心草，车前草，菖蒲，麦冬，香附子，美人蕉	围隔实验	养猪场废水	NH_4^+-N，1.3 mg/L；NO_3^--N，0.8 mg/L；无机磷，0.4 mg/L	丰富的物种组合提高了 NH_4^+-N、NO_3^--N 和磷酸盐的去除率	Zhang et al.，2012

续表

植物类别	研究规模	进水类型	污染物负荷	研究结论	参考文献
美人蕉,芦苇,莎草	中试	城市污水	COD, 260 mg/L; TSS, 94 mg/L;TKN,30.7 mg/L; TP,3.2 mg/L	植被类型影响污染物的去除,多物种组合能提供更好的去除效率	Abou-Elela et al.,2012
芦苇,宽叶香蒲,黄香蒲	围隔实验	剩余污泥	COD, 6055 mg/L; TKN, 211.0 mg/L;TP,37.0 mg/L	植物对微生物活性有积极影响,可能对湿地系统的高污染物去除效率有贡献	Wang et al.,2012
芦苇,黑三棱,东方香蒲	中试	富营养化河水	COD, 284 mg/L; TN, 23.4 mg/L; NH_4^+-N,14.3 mg/L;TP,2.2 mg/L	种植植物的湿地,其污染物去除率要显著高于未种植物的湿地;但植物类型对湿地污染物的去除,没有明显的影响	Liu et al.,2012
风车草,芦苇,美人蕉,菖蒲	实验室	畜禽养殖废水	COD, 655 mg/L; TN, 248.0 mg/L;TP,18.0 mg/L	在污染物去除方面,植物的影响较小。风车草和美人蕉湿地的污染物去除效率,是芦苇和菖蒲湿地的1.3倍	Zhu et al.,2012

2.4.8 出水再循环

为了增强好氧微生物的活性,垂直潜流湿地的出水可以被重新输送回湿地表面,进行再次或多次的过滤,称之为出水再循环(Sun,1999)。

伴随着湿地出水的输送和再次分配过程,空气中的氧气可以转移到水中,从而被好氧微生物所利用。同时,循环过程增强了出水中污染物与附着在植物根系和湿地基质表面微生物之间的相互作用,从而有利于处理过程。如果垂直潜流湿地中 BOD_5 和 NH_4^+-N 的消减,是受限于氧气传输或污染物与微生物之间的接触,那么从理论上来讲,出水再循环可以提高处理效率。

再循环有几个方面的好处:

(1) 增强了处理性能,从而降低了湿地的占地空间需求,使处理湿地的结构更加紧凑,这一点在用地成本高昂的地区尤其重要。

(2) 使湿地床保持湿润状态,从而有利于维持微生物群落,同时,在一定程度上,经过处理的出水对湿地进水进行了稀释,从而减缓了进水强度可能的急剧波动,并减轻了湿地床的负荷(Zapater et al.,2011)。

Prost-Boucle 等(2012)研究了再循环对单级垂直潜流人工湿地污染物去除的影响。结果表明,在等效处理面积为 $1.1\sim1.6\ m^2/$人的情况下,TSS、BOD 和 COD 的整体去除率超过 80%,类似于经典的法国式湿地系统获得的去除率(包括两个连续阶段的垂直潜流湿地,等效处理面积为 $2\ m^2/$人)。再循环所产生的稀释效应,对于提升湿地出水的水质,发挥了重要作用。此外,再循环过程还可以提高硝化反应效率。

Ayza 等(2012)对一组水平流-垂直流相结合的湿地进行了氮去除的研究,该湿地系统用于生活污水的处理。水平潜流湿地旨在去除有机物,并支持反硝化作用;在有机物被降低至较低水平后,垂直潜流湿地对进水中的硝化作用进行强化。垂直流湿地中的出水,被循环输送到前端的水平流湿地中,以获得反硝化作用所需的营养物质。结果表明,对于以 100%循环率运行的水平流-垂直流湿地,总氮的去除率达到了 79%,而当出水没有进行再循环时,总氮的去除率仅为 32%。

2.4.9 前置处理

在设计垂直潜流湿地之前,需要注意到的是,如果未在湿地床前端清除掉污(废)水或雨水中的碎屑、砂砾等固体物质,则湿地基质可能会迅速被其堵塞。因此,应提供最低限度的初级处理,以去除可沉降固体。污(废)水中悬浮颗粒的比重要大于水,因此在静态条件下可以通过重力作用进行沉降。因此,初级处理可减少流向湿地的悬浮固体和有机负荷,并对原水的质量和流量进行均衡调节。

人工湿地中使用的初级处理设施(沉淀池)主要有化粪池、静水沉淀池、连续流沉淀池和英霍夫式沉淀池等。

化粪池是世界上小型人工湿地中最常见的初级处理设施(Morel et al.,2006)。Loudon 等(2005)曾报道,与单室化粪池相比,双室化粪池可以去除更多的固体(图 2.14)。

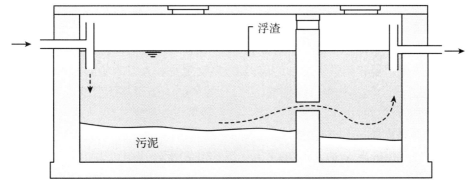

图 2.14　双室化粪池横截面示意图

静水沉淀池的工作原理是"充水、静置和排空"。这类设施不应用于生活污水处理厂,但在处理工业废水方面有一些应用。

连续流沉淀池在晴朗天气下的滞留时间为 6~10 h。对于暴雨径流的处理,该类沉淀池的设计是基于池容而非流速的原则。雨水径流池通常为矩形,长度为宽度的 4~5 倍。

英霍夫式沉淀池的设计目的是提供沉淀和消化容积。它们可以是圆形或者矩形。污水的进口在最高水位以下,但高于池内的最高污泥水位。污水的流向为向上方向,同时污泥沉向池底。污水的流速决定了沉淀池表面积的大小。

2.4.10　建造规模

1. 湿地尺寸
湿地的大小可根据 Kichuth 提出的方程式确定(UN-HABITAT,2008):

$$A_h = \frac{Q_d(\ln C_i - \ln C_e)}{K_{BOD}} \tag{2.30}$$

式中,A_h:湿地床的表面积,单位为 m^2;

Q_d:污水的平均日流量,单位为 m^3/d;

C_i:进水 BOD_5 浓度,单位为 mg/L;

C_e:出水 BOD_5 浓度,单位为 mg/L;

K_{BOD}：速率常数，单位为 m/d。

K_{BOD} 由表达式 $K_T dn$ 确定，其中，d：水柱深度，单位为 m；n：基质的孔隙度；

$$K_T = K_{20}(1.06)^{(T-20)}$$

式中，K_{20}：20 ℃时的速率常数，单位为/d；

T：系统的工作温度，单位为℃。

K_{BOD} 与温度有关，通常温度每增加 1 ℃，BOD 的降解速率提升约 10%。因此，BOD 降解的反应速率常数，在夏季要高于冬季。据报道，K_{BOD} 随着湿地系统年龄的增加而增加。

另一种可用于确定湿地大小的方法，是单位人口当量的面积要求。在基于某一污(废)水的数量和质量是均匀的前提下，可确定每一人口当量的面积需求。一般来说，基于几个污水处理厂的经验，可以计算得到一个可靠的湿地床面积(取决于气候条件)。然而，由于这种方法的保守性，投资成本往往较高。

基于某些人群的不同类型污(废)水的排放，可计算潜流湿地的面积需求。例如，BOD 的产生量视为 40 g BOD/(人·天)，在初级处理中可去除 BOD 负荷的 30%，BOD 出水浓度取 30 mg/L，垂直潜流湿地的 K_{BOD} 取 0.20，则可以看出，对于垂直潜流湿地来说，所要求的面积是 0.8～1.5 m²/人。

2. 基质深度

通常，潜流人工湿地的基质深度近似地等于植物的根长，以便植物能够接触到所需处理的水，并对处理过程产生影响。

与水平潜流湿地相比，垂直潜流湿地的建造深度通常更大。在英国，大多数垂直潜流湿地的基质深度为 50～80 cm。然而，在德国，基质的深度更倾向大于 80 cm (Cooper et al.,1996)。相似地，在奥地利和丹麦，建议的基质深度分别为 95 cm 和 100 cm(Brix,2005)。Philippi 等(2004)的研究表明，与 45 cm 深度的垂直流湿地床相比，75 cm 深度的垂直流湿地床表现出了更好的性能。

联合国人居署建议的基质深度为 70 cm，这样不仅可以去除有机污染物，同时还可以提供充分的硝化作用(UN-HABITAT,2008)。

第 3 章　小 试 试 验

3.1　材料与方法

3.1.1　柱状湿地

使用柱状垂直流人工湿地系统开展城区道路雨水径流处理的小试试验,试验周期为 120 天(7 月中旬至 11 月中旬)。该柱状湿地的结构如图 3.1 所示,柱体内径为 10 cm,长度为 100 cm,其中,底部 10 cm 厚度为排水层,中间 80 cm 为主体基质层,顶部 10 cm 为预留空间,防止湿地进水因积存而溢流出柱体外。

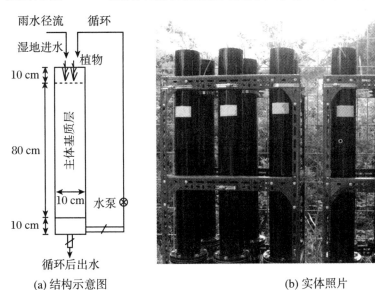

(a) 结构示意图　　　　　　　　　　　(b) 实体照片

图 3.1　柱状垂直流雨水径流人工湿地

湿地配置了出水再循环装置,可收集湿地底部出水,并将其再次注入湿地顶部,进行多次的循环处理,从而增加污染物和基质的接触时间,提高去除率。

该实验柱体由黑色不透明亚克力材料制成,如图 3.2 所示,柱状湿地的总体长度,与将来拟应用于真实场景道路雨水径流处理湿地的深度相同。柱状湿地小试试验共包括 12 个柱体,分为 4 个平行组,各组之间的基质材料都不相同。每组内设置 3 个平行的实验柱体,其内部填充的基质材料类型和结构都相同,区别在于 3 个柱体之间设置了不同的湿地出水再循环次数。

图 3.2　柱状垂直流人工湿地的制作过程

选择的湿地植物为菖蒲,首先在苗圃进行培育,然后移植于湿地顶部基质层。湿地植物的功能是增强污染物的处理效率,并提供景观价值。菖蒲的根部直接种植于湿地基质层中,而不添加任何土壤,以防止土壤颗粒对湿地基质层造成堵塞。

为减少因光照、温度变化的差异性带来的干扰,尽可能和外部自然环境条件保持一致,柱状湿地小试试验在室外进行。

3.1.2　基质组成

　　柱状湿地所用基质材料的类别及相关信息,如图 3.3、图 3.4 和表 3.1 所示。柱体内基质层的结构,从上到下依次为小砾石、主体基质、中砾石和大卵石。各组之间的基质层结构差别主要体现在主体基质的不同,分别为木片(松木)、浮石、合成纤维和火山石。

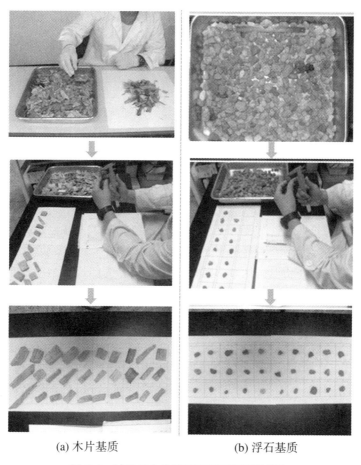

(a) 木片基质　　　　　　　(b) 浮石基质

图 3.3　试验用木片基质和浮石基质的筛选

(a) 合成纤维基质　　　　　　(b) 火山石基质

图 3.4　试验用合成纤维基质和火山石基质的筛选

　　柱体内顶层的小砾石厚度为 0.05 m,主要功能在于消减进水的冲刷作用,从而使进水能够均匀地布洒到湿地表面。顶层下部的主体基质深度为 0.55 m,这是湿地系统内发生物理和生物化学过程的关键部分。为能通畅地排出湿地积水,主体基质层下方分别依次设置了 0.1 m 厚度的中砾石层和大卵石层。

　　各组柱状湿地内部的孔隙率取决于基质类型的差异性,总体孔隙率范围为 48%～72%。

表 3.1　用于柱状湿地试验的基质材料

组别	孔隙率	基质构成(由上至下)
木片基质	57%	小砾石,粒径:0.48～0.55 cm,深度:5 cm 木片,粒径:2.6～11.5 cm,深度:55 cm 中砾石,粒径:1.7～3.6 cm,深度:10 cm 大卵石,粒径:2～5 cm,深度:10 cm
浮石基质	48%	小砾石,粒径:0.48～0.55 cm,深度:5 cm 浮石,粒径:1～2.3 cm,深度:55 cm 中砾石,粒径:1.7～3.6 cm,深度:10 cm 大卵石,粒径:2～5 cm,深度:10 cm

续表

组别	孔隙率	基质构成(由上至下)
合成纤维基质	72%	小砾石,粒径:0.48~0.55 cm,深度:5 cm 合成纤维,深度:55 cm 中砾石,粒径:1.7~3.6 cm,深度:10 cm 大卵石,粒径:2~5 cm,深度:10 cm
火山石基质	49%	小砾石,粒径:0.48~0.55 cm,深度:5 cm 火山石,粒径:0.9~4.5 cm,深度:55 cm 中砾石,粒径:1.7~3.6 cm,深度:10 cm 大卵石,粒径:2~5 cm,深度:10 cm

3.1.3　试验运行

为了促使湿地内部能够联立地发生硝化作用和反硝化作用,将湿地水位设置在主体基质的中部,使其成为两个平均的分区:上层的不饱和区和下层的饱和区,即好氧区和厌氧区。

用于试验运行的垂直流柱状湿地的进水,是从一个沥青公路桥面收集的初期雨水径流,如图 3.5(a)所示。在重力自流作用下,利用排水管道将其收集,然后储存于一个密闭的贮存罐中,如图 3.5(b)所示。在每次试验取用前进行充分搅拌,使其混合均匀。在每批次试验开始的第一天,从储水罐中取混合均匀的径流存水,均匀地注入每个柱状湿地。各个柱体的进水总量为 2.1 L,灌注时间为 1.5 min。进水在系统内的渗透速率约为 243 m/天,该速度明显地高于快速砂滤的速度。表 3.2 列出了湿地系统的水力运行条件。

(a) 雨水径流收集沥青桥面　　　　　　　(b) 管道系统

图 3.5　雨水径流收集沥青桥面和管道系统

　　为了在非降雨期(干期)充分利用垂直流湿地系统的处理潜力,同时了解再循环处理对径流污染物去除效果的影响,湿地进水在柱体内滞留 24 h 后,被从底部排出,并经循环装置再次输送到湿地顶部,进行循环处理。每组 3 个柱状湿地的循环频率分别设置为 1、3 和 7 次,对应于 2、4 和 8 天的处理时间(模拟干期)。以 2 天的设计处理时间为例,在首次加注进水的 24 h 后,收集湿地出水,进行一次循环注入;在 48 h 后,收集出水,取样带回实验室储存或分析。在每个湿地系统都达到规定的循环次数后,将收集的湿地出水样品进行实验室理化测试分析,并将下一批次雨水径流注入湿地,开始新一轮的处理试验。

表 3.2　水力运行条件

组别	编号	循环频率 (次)	EBCT (天)	EHRT (天)	AV (m/天)	PV (m/天)
木片湿地	1-1	1	2.99	1.7	243	426
	1-2	3	2.99	1.7	243	426
	1-3	7	2.99	1.7	243	426
浮石湿地	2-1	1	2.99	1.44	243	506
	2-2	3	2.99	1.44	243	506
	2-3	7	2.99	1.44	243	506
合成纤维湿地	3-1	1	2.99	2.15	243	338
	3-2	3	2.99	2.15	243	338
	3-3	7	2.99	2.15	243	338
火山石湿地	4-1	1	2.99	1.47	243	496
	4-2	3	2.99	1.47	243	496
	4-3	7	2.99	1.47	243	496

　　注:EBCT(empty bed contact time)表示空床接触时间;EHRT(effective hydraulic retention time)表示有效水力停留时间;AV(approach velocity)表示渗透速率;PV(pore velocity)表示孔隙内行进速率。

3.1.4　水质分析

　　用于水质分析的参数包括温度、pH、电导率、浊度、总悬浮固体(TSS)和化学需氧量(COD),化学需氧量包括总化学需氧量(TCOD)和溶解性化学需氧量(SCOD)。测定的参数还有总氮(TN)和溶解性总氮(DTN),总磷(TP)和溶解性总磷(DTP),以及氨氮(NH_4^+-N)和硝态氮(NO_3^--N)等营养成分。温度、pH 和电导率的测定使用 YSI 556 便携式水质监测仪,浊度的测定使用 2100 N 浊度计。其他参数的测定依据《水和废水检测标准方法》进行(APHA,2012)。

试验所使用的雨水径流来自从沥青路面收集的初期降雨径流,其水质参数特征如表 3.3 所示。总悬浮固体浓度范围为 43~350 mg/L,总氮浓度分布为 1.87~8.38 mg/L,总磷含量为 0.10~0.78 mg/L。

表 3.3 用于柱状湿地进水的初期雨水径流水质特征

参数	单位	范围	平均值	标准差
温度	℃	15.02~27.50	22.89	3.70
pH	—	6.08~7.53	6.85	0.35
电导率	μs/cm	31~278	149	60
浊度	NTU	26.0~132.0	77.0	24.1
TSS	mg/L	43.0~350.0	208.0	85.2
TCOD	mg/L	24.9~129.1	87.7	29.4
SCOD	mg/L	1.2~79.5	25.8	17.9
TN	mg/L	1.87~8.38	4.76	1.60
DTN	mg/L	0.92~5.82	2.97	1.23
NH_4^+-N	mg/L	0.02~1.96	0.36	0.49
NO_3^--N	mg/L	0.10~2.72	1.11	0.82
TP	mg/L	0.10~0.78	0.32	0.16
DTP	mg/L	0.01~0.20	0.05	0.04

3.2 试 验 结 果

3.2.1 吸附能力

使用气体吸附法(BET 法)测定四种基质材料的孔隙特征,并绘制出吸附/解吸等温线,如图 3.6 所示。依据标准的吸附等温线类型(IUPAC,1985),可以分析得出每种基质的孔隙结构。图 3.6(a)为标准的Ⅲ型吸附等温线,表明该种材料具有大孔结构。图 3.6(b)和(d)为标准的Ⅳ型吸附等温线,表明火山石和浮石具有类似的多孔结构,称之为介孔或中孔。图 3.6(c)中合成纤维的吸附呈现出负值,这种情况表明在 BET 测试过程中,有氮气从合成纤维材料中析出。

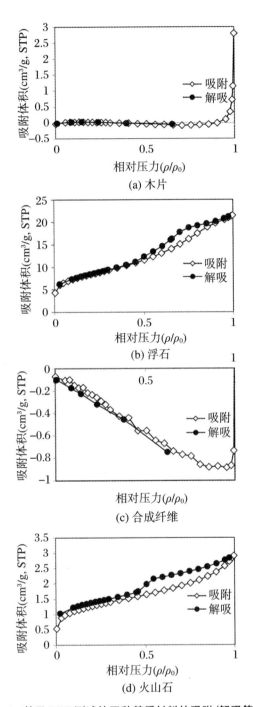

图 3.6　基于 BET 测试的四种基质材料的吸附/解吸等温线

　　表 3.4 展示了四种基质材料的吸附性能。比较例外的是,使用 BET 法没有能够成功测量出合成纤维的吸附能力。但是,合成纤维材料的生产商提供了该基质

材料的吸附容量为 1.5 m^2/m,依据这个数据可以计算出它的比表面积。

表 3.4　基质材料的吸附特性

基质材料	总孔容($p/p^0 = 0.990$)（cm^3/g)	平均孔径(nm)	表面积(m^2/g)
木片	0.001422	60.327	0.094294
浮石	0.032898	4.4539	29.546
合成纤维	− 0.001193*	7.1572*	− 0.66685*
	—		0.046612**
火山石	0.004416	3.8749	4.5585

注：* 表示测试结果，* * 表示计算结果。

由表中数据可知,浮石的孔体积和比表面积最高,表明它在四种基质材料中具有最高的吸附能力,其次是火山石、木片,最后是合成纤维。

在水处理工艺中,一些具有高吸附能力的吸附剂广受欢迎,比如活性炭和沸石,因为其具有高吸附能力,从而可以吸附更多的污染物,提高污染物的去除率。

一般来说,普通活性炭的比表面积为 1000~1500 m^2/g(Cao et al.,2006)。与活性炭和沸石相比,本研究所使用基质的吸附能力较小,甚至可以忽略不计。然而,根据使用过滤装置处理雨水径流的经验,具有高吸附能力的基质,当其吸附能力消耗殆尽时,该材料的后期处置成本往往是一个负担。

针对本研究中所使用的基质材料,木片的处置相对容易,因为可以通过焚烧或堆肥对其进行处理。相比之下,因为吸附在材料内部的污染物不容易清理,使用后的浮石和火山石较难处置。对于合成纤维,吸附在其内部的颗粒也很难清理。因此,从对使用后基质材料的处置角度来说,适合于本研究的基质材料的优先顺序可以归结为木片、浮石、火山石和合成纤维。

3.2.2　处理性能

1. 适应阶段

以模拟干期为 2 天的处理分组为例,图 3.7 显示了柱状湿地出水与进水中污染物(TSS、TCOD、TN、TP)浓度比值(C_{out}/C_{in})相对于湿地累计输入水量(即处理时间)的变化情况。

从图中可以观察到,在试验运行的起始阶段,出现了一个波动适应期,其后在累计进水总量达到 25 L 时,湿地处理效率逐渐趋于稳定。而在模拟干期为 4 天和 8 天时,该适应阶段所对应的进水总体积分别为 18 L 和 9 L 左右。在这个适应阶段,一些微生物进行环境的适应和增殖,生物膜生长逐渐趋于稳定,生物化学反应

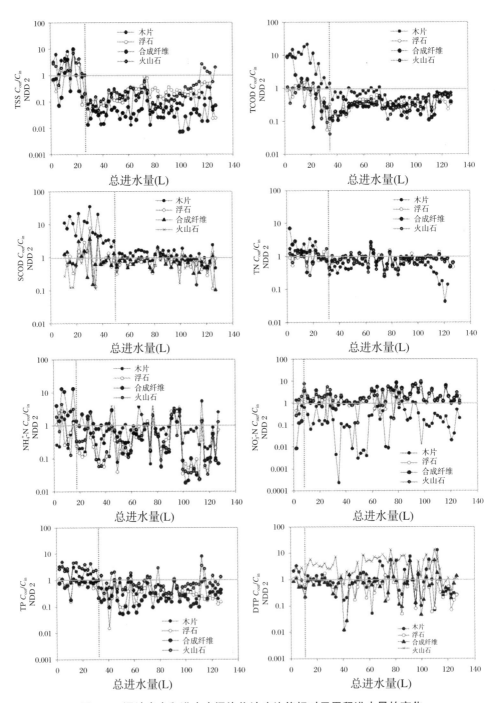

图 3.7　湿地出水和进水中污染物浓度比值相对于累积进水量的变化

过程逐渐趋于平衡。

　　在试验运行的起始阶段,出水与进水中污染物浓度比值大于 1,即出水中的污染物浓度高于进水,并且有较大的波动。原因在于,在运行的适应阶段,基质材料本身含有的一些物质随湿地进水被冲出,从而导致出水中污染物浓度偏高。本研究中,在试验运行适应阶段所获得的数据,不计入湿地处理效率的计算。

2. 基质类型的影响

图 3.8~图 3.10 分别显示了模拟干期分别为 2、4 和 8 天时,不同基质湿地的污染物去除率。以模拟干期为 2 天的柱状湿地为例,图 3.11 反映了不同基质湿地中进水和出水污染物的浓度变化情况。

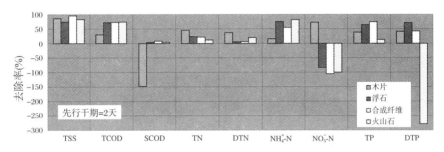

图 3.8　先行干期为 2 天时各湿地中污染物的去除率

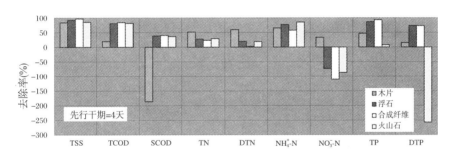

图 3.9　先行干期为 4 天时各湿地中污染物的去除率

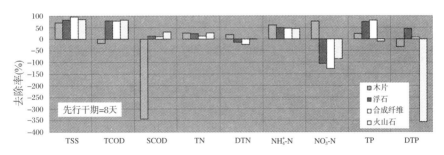

图 3.10　先行干期为 8 天时各湿地中污染物的去除率

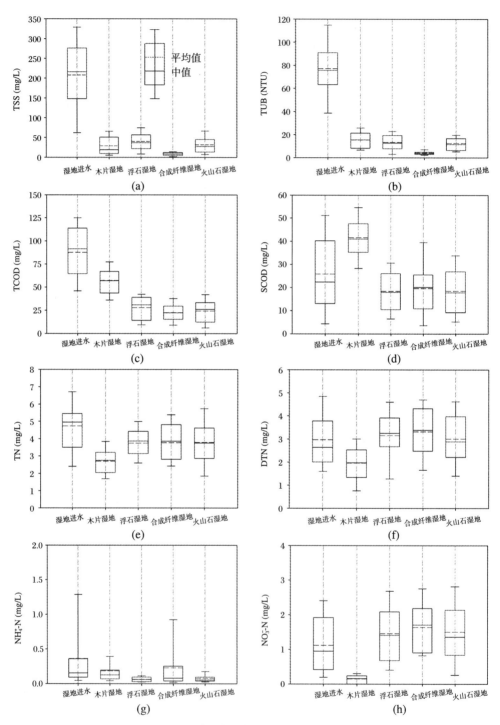

图 3.11　湿地进水和出水中污染物浓度的变化

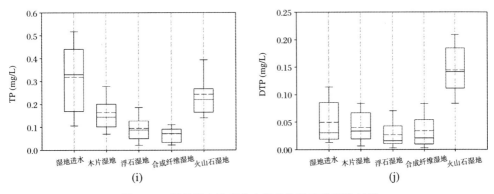

图 3.11 湿地进水和出水中污染物浓度的变化（续）

对于总悬浮物和浊度，各类型基质湿地都表现出了良好的去除率，其中，在合成纤维湿地中，其去除率超过了 95%。除木片湿地外，其他基质湿地对有机物的消减也是明显的。但在处理过程中，木片自身会降解，并释放出有机物，因此木片湿地的有机物去除率相对低一些。在木片湿地中，对应于模拟干期 2、4 和 8 天，TCOD 的消减率分别为 30.2%、19.2% 和 −17.8%，SCOD 的消减率分别为 −148.6%、−186.3% 和 −343.1%。

对于总氮的去除，木片湿地的平均去除率为 40%，与其他三种基质相比展示出了明显的优势（$p < 0.001$）。与此相关的是，在所有基质湿地中都发生了有效的氨转化，但仅在木片湿地中出现了有效的反硝化反应。原因在于，木片基质中含有丰富的碳源，为反硝化微生物提供了能量，从而增强了反硝化作用。这与其他研究的结果相一致，即木质颗粒如锯末和木片等，能够展示出长期稳定的（5～15 年）硝酸盐去除能力（1～20g N/(m^3 · d)）（Schipper et al.，2001；Robertson et al.，2008）。

对于磷的去除，合成纤维湿地呈现了 75% 的最高效率。这与总悬浮物在纤维基质湿地中达到了最高的去除率相关，因为磷一般被吸附在固体颗粒的表面，随着颗粒物被沉淀或捕获，磷也得以被去除（Russell et al.，1994；Schipper et al.，2001）。与之相反，火山石基质湿地中磷的去除率较差，约为 20%，并且溶解性磷的去除率显示为负值。这可能是由在试验运行期间，火山石基质自身所含的磷被释放出来所致的。

3. 模拟干期的影响

表 3.5 显示了不同模拟干期对污染物去除率的影响。除木片湿地外，模拟干期的不同对总悬浮物和浊度的去除，没有显著的差别。这是因为，大多数的固体颗粒可以在湿地进水第一次渗滤通过基质时，即得以去除。同时，经过首次过滤，出水中的总悬浮物浓度已经相对较低，其后即使经过多次循环过滤，也难以再明显地提升去除率。

对于化学需氧量,随着木片循环处理次数的增加,其去除率降低。如前所述,这可能是由木片自身释放的有机物质所引起的。木片与湿地中水接触的时间越长,因腐烂降解所释放的有机物就越多。此外,循环处理提高了火山石中化学需氧量的去除率。

对于铵态氮来说,在试验周期内,多次循环处理提高了其在木片湿地中的去除率。并且在湿地的运行稳定阶段,合成纤维湿地对铵态氮的去除率也有提升。原因可能在于,多次循环处理增加了湿地进水与基质材料的接触时间,从而为硝化作用提供了更多的机会。但大体上来说,多次循环处理(即较长的模拟干期)并没有对各类型湿地中总氮的去除产生明显的影响。

对于溶解性磷的去除率,随着出水循环次数的增加,其在木片湿地和火山石湿地中呈下降趋势,原因在于这两种材料自身含有磷元素,它们与湿地中的水接触时间越长,所释放出来的磷就越多。

表 3.5　循环处理对污染物去除率的影响

湿地基质	TSS	浊度	TCOD	SCOD	TN	DTN	NH_4^+-N	NO_3^--N	TP	DTP
木片	D	D	D	D	N	N	I	N	N	D
浮石	N	N	N	N	N	N	N	N	N	N
合成纤维	N	N	N	N	N	N	N	D	N	N
火山石	N	N	I	I	N	D	N	N	D	D

注:I 表示效率提升;N 表示无效果;D 表示效率下降。

在本研究中,循环处理对于大多数污染物的去除没有显著的影响。这首先是归因于进水的水质状况,雨水径流中含有的污染物类别很复杂,并且由于含有重金属和碳氢化合物,其对微生物具有高的毒害性(Kayhanian et al.,2008b),从而导致了湿地内较差的生物化学反应条件。其次,经过基质层的首次过滤后,污染物浓度被降低到了较低水平,这也降低了循环处理的效果。再者,本次实验的时间可能还不足够长,以至于获得的研究成果不够准确。即使如此,循环过程依然对于湿地植物的生长产生了正面的影响,从而有助于雨水径流的处理。

4. 浸出

由于基质材料的自然属性,在试验运行期间,一些物质被释放出来。如图 3.12(a)所示,木片湿地出水中的 SCOD 浓度明显高于进水;同时,随着循环次数的增加,SCOD 的浓度随之增加。这是由于木片主要由纤维素有机物组成,在微生物的发酵作用下,不断被溶解,而随湿地出水排出。

同样地,在火山石湿地中也发现了磷的浸出,如图 3.12(b)所示。总磷的去除效果差,溶解性总磷的去除率更为明显的负值,即说明了火山石基质在实验过程中存在磷的溶解析出。

此外,如图3.12(c)所示,在实验初始的适应阶段,合成纤维湿地中析出的铵态氮浓度较高。这归因于合成纤维(尼龙和胺合成物)含有碱性氮原子,随着与水接触时间的增加,存在氨的溶解释放。在初期的适应阶段之后,氨的释放逐渐减少。

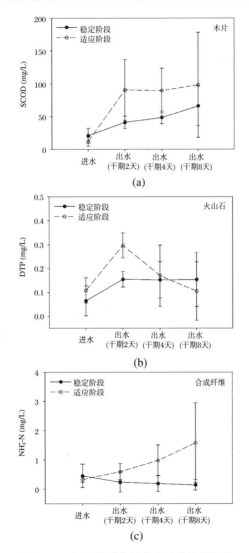

图 3.12　湿地基质中部分物质的溶解释放

3.2.3　过滤类型

垂直流湿地的运行是否成功,取决于它可以在不被堵塞的情况能够工作多长的时间,而悬浮物质在湿地基质孔隙中的积累情况,是决定湿地是否被堵塞的一个主要因素。

通常来说,用于过滤的基质材料的颗粒尺寸越小,那么可供生物膜附着的比表面积就越高,从而可以提升湿地的处理性能。然而,较小的颗粒尺寸,也会使基质颗粒间的孔隙变得狭小,从而容易导致堵塞,增加损害湿地运行的可能性。因此,颗粒细小的基质材料,其孔隙更容易被阻塞,以致导致湿地快速地被堵塞。

表3.6列出了这些基质材料的粒度分布情况。为了能在相同的标准下进行比较,使用等效体积球体的直径来近似计算基质材料的粒径。颗粒球度(ψ)的计算方程式如下(Droste,1997):

$$\psi = \frac{(\text{球体的表面积})/V_{\text{球}}}{(\text{颗粒的表面积})/V_{\text{颗粒}}} \tag{4.1}$$

其中,球体的体积($V_{\text{球}}$)认定为等价于基质颗粒的体积($V_{\text{颗粒}}$),木片的ψ值近似为0.47。对于浮石和火山石,等效体积球体的直径(d)直接定义如下:

$$d = \frac{L + W + H}{3} \tag{4.2}$$

式中,L:不规则颗粒的长度,单位为cm;

W:不规则颗粒的宽度,单位为cm;

H:不规则颗粒的高度,单位为cm。

另外,合成纤维是一种具有规则均匀特征的基质材料,因此,其均匀系数视为1。

表 3.6　湿地主体基质材料的粒度分布和孔隙率

基质	d_{10}(cm)	d_{50}(cm)	d_{60}(cm)	U	孔隙度
木片	1.1	2.0	2.1	1.9	66%
浮石	1.0	1.2	1.3	1.3	51%
合成纤维	—	—	—	≈1.0	89%
火山石	0.7	0.9	1	1.4	53%

注:U表示均匀系数(d_{60}/d_{10})。

分析该表可知,较小的d_{10}和较大的U值意味着基质内的孔径较小,这使得进水中的颗粒和悬浮物质更容易被截留在基质上层,从而减少有效的孔体积。相反,较大的d_{10}和较小的U值则意味着更大的基质孔径,这使得颗粒物质更能在整个基质层中进行较为均匀的分布,从而延长湿地的运行时间。

对于合成纤维来说,尽管它在四种材料中具有最高的孔隙率,但其内部的孔径却是最小的,因此最容易发生颗粒物质的表层积累,进而产生基质的堵塞。在试验中也发现,合成纤维湿地进水的行进速率总是比其他基质湿地的要慢,常常可在基质表层观察到积水。相对而言,其他三种基质因具有相对较大的内部孔径,因此倾向于呈现出深层过滤,即颗粒物质能向基质的中下层进行分布。

3.2.4 植物生长

湿地处理试验结束后(运行时间大约四个月),收集整理各湿地中种植的菖蒲,对其长度和生物量进行测量计算,结果如表3.7和图3.13、图3.14所示。

表 3.7 植物生长状况

湿地基质	移植时植物长度(cm)	植物总长(cm)	根长(cm)	根系生物量(g/m²)	总生物量(g/m²)
木片	$16.0 \pm 1.0^*$	48.5 ± 17.1	33.0 ± 13.1	174.6 ± 119.6	276.1 ± 164.2
浮石	18.0 ± 1.0	39.7 ± 6.8	23.8 ± 5.0	142.6 ± 29.0	229.9 ± 45.5
合成纤维	16.3 ± 1.5	40.0 ± 7.9	21.8 ± 3.4	92.0 ± 15.1	186.8 ± 38.3
火山石	18.7 ± 0.6	42.0 ± 2.0	26.0 ± 5.3	127.5 ± 86.6	213.8 ± 142.4

注:* 表示平均值±标准偏差。

(a) 木片基质(先行干期=2天)

(b) 浮石基质(先行干期=2天)

(c) 木片基质(先行干期=4天)

(d) 浮石基质(先行干期=4天)

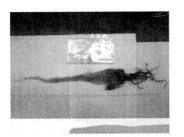
(e) 木片基质(先行干期=8天)

(f) 浮石基质(先行干期=8天)

图 3.13 木片和浮石基质湿地收获的菖蒲

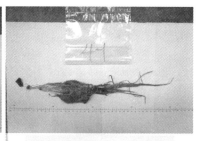

(a) 合成纤维基质(先行干期=2天)　　(b) 火山石基质(先行干期=2天)

(c) 合成纤维基质(先行干期=4天)　　(d) 火山石基质(先行干期=4天)

(e) 合成纤维基质(先行干期=8天)　　(f) 火山石基质(先行干期=8天)

图3.14　合成纤维和火山石基质湿地收获的菖蒲

　　木片基质湿地中生长的菖蒲,呈现了最大的根长、最密集的根须和最大的生物量,表明植物能够很容易地在这种基质中扎根生长。相反,合成纤维基质湿地中植物的生物量最少,说明植物在这种基质中生长困难。此外,浮石基质和火山石基质湿地中植物的生长量相似,处于中间值,表明植物生长的适宜性处于中间状态。

　　植物的生长通常受到土壤、水分含量、土壤肥力的影响,特别是土壤质地,它与土壤水分和肥力的保持能力密切相关。此外,含有植物生长所需养分的有机物的含量,通常也被认为是土壤肥力的重要属性。对于木片基质来说,其较高的持水能力,以及所含有的有机物能够对植物生长提供丰富的养分,对于植物根部的拓展是很有帮助的。在浮石和火山石基质湿地中,基质较差的持水能力和贫乏的营养含量,使植物的生长受到了限制。合成纤维作为一种人造材料,由于持水能力差、缺乏养分和矿物质,提供了最糟糕的植物生长条件。此外,合成纤维的结构更致密、孔径更小,也是抑制植物根系生长的不利因素。

3.2.5　基质成本

基于未来的工程应用,如建造一个与柱状湿地具有相同基质构型,箱体由钢筋混凝土浇筑的全尺寸垂直流雨水湿地。该湿地的长度和宽度分别为 10 m 和 5 m,内部主体基质的厚度也是 55 cm,基质层也被平均分配为饱和区和非饱和区。

假设木片、浮石、合成纤维和火山石被独立地应用于这个全尺寸湿地,作为湿地基质材料,经计算,其购置成本如表 3.8 所示。木片作为一种天然可再生材料,具有最低的价格成本,约为 124 元/m^3。浮石和火山石在自然界中比较丰富,价格成本分别约为 936 元/m^3 和 1848 元/m^3。作为人造基质材料,合成纤维是所有材料中最昂贵的,价格成本约为 99827 元/m^3。

表 3.8　全尺寸湿地中单一基质材料的费用成本

基质	单价	数量	成本(元/m^3)
木片	0.40 元/kg	7150 kg	124
浮石	2.34 元/kg	11000 kg	936
合成纤维	21.94 元/m	125125 m	99827
火山石	2.20 元/kg	23100 kg	1848

3.2.6　建造评估

对面向工程应用的全尺寸湿地,从相关的荷载、运行、维护和材料替换等方面进行评估。承载基质材料的,是一个开放的钢筋混凝土浇筑的长方体,其底部或侧面承载的压力来自湿地基质及其孔隙中的水,如图 3.15 所示。

根据测量的填料密度和湿地尺寸,对基质层产生的总质量和单位荷载进行计算,结果见表 3.9。在所有基质中,火山石是最重的,对湿地底部产生的单位荷载为 608 kg/m^2。合成纤维是最轻质的材料,湿地内基质的总质量仅为 3300 kg,但由于它具有比较高的孔隙率,能够容纳更多的水,因此产生的单位荷载与木片、浮石相接近。基质层还对湿地的侧壁施加横向的压力,其大小与垂向上负荷成正比,并随深度的变小而递减。

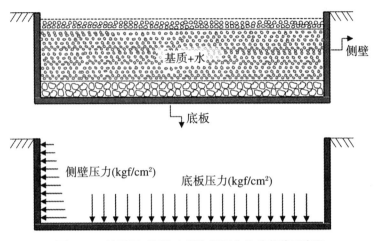

图 3.15 基质层对湿地底部和侧面产生的荷载示意图

表 3.9 基质层产生的荷载

基质	填料密度 （kg/m³）	基质质量 （kg）	含水量 （kg）	总质量 （kg）	荷载 （kg/m²）
木片	260	7150	9075	16225	325
浮石	400	11000	7013	18013	360
合成纤维	120	3300	12238	15538	311
火山石	840	23100	7288	30388	608

第4章 中试试验

4.1 材料与方法

4.1.1 试验设计

1. 设计原理

用于开展中试试验的雨水径流处理湿地系统的结构组成包括雨水径流收集管道、前处理沉淀池和带有出水再循环装置的湿地床,如图 4.1 和图 4.2 所示。该系统的关键部分是沉淀池和垂直流湿地床,前者用于收集雨水径流中可沉淀的固体颗粒,后者用于处理难以通过沉淀作用去除的溶解性污染物。

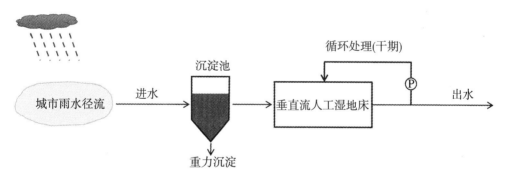

图 4.1 中试尺度雨水径流处理湿地工作原理图

用于试验的湿地系统进水,是从一沥青高速公路桥面收集的雨水径流,如图 4.3 所示。当有降雨发生时,路面径流在重力作用下进入收集管道系统,然后全程自流进入沉淀池,多余的初期雨水径流排入储水池储存备用。进入沉淀池的初期雨水径流经过重力沉淀预处理后,被泵入湿地床表面,然后逐渐向下渗透穿过基质层,最后滞留在湿地床的底部。循环装置的功能是将湿地出水再次泵入湿地床表面,进行重复过滤,以提高处理效率。

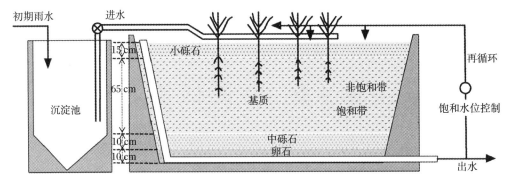

图 4.2   中试尺度雨水径流处理湿地结构示意图

图 4.3   初期雨水径流收集系统

2. 尺寸和结构

中试试验湿地系统的外观为长方体,由沉淀池和湿地床组成,如图 4.4 和图 4.5 所示。沉淀池的底部固定了一块坡度为 0.6 的斜板,以收集被沉淀的颗粒物。沉淀池内靠近湿地床的一侧,沿中线位置安装了一个水泵,用于将沉淀后的雨水径流输入湿地床,泵的底部至沉淀斜坡顶部的高度差为 10 cm,以防止在泵工作时吸入底部的沉积物。在沉淀池的另一侧,沿中线位置,从上到下设置了五个等间距的采样孔,孔径为 4 cm,用于采集沉淀池内不同层位的水样,或在必要时排放沉淀池内的积水。

在湿地床内,设计了一个特殊的组件即循环装置,可以将湿地出水收集,并再次输送布洒到湿地床表面,以进行多次的循环处理。循环泵处于一个隔室内,该隔室将循环泵和基质层隔离,其下部与湿地疏水层连通,连通部位表面均匀布设了一些透水孔,以让湿地床内的积水进入隔室。湿地出水的启闭阀门设置在外壁底部的中间位置,由一个内径为 4 cm 的塑料管与疏水层连通,可对湿地出水进行取样或排放。一个竖直向上的塑料软管,紧贴湿地床外壁并与出水阀门连通,用以观察湿地内部的水位变化。

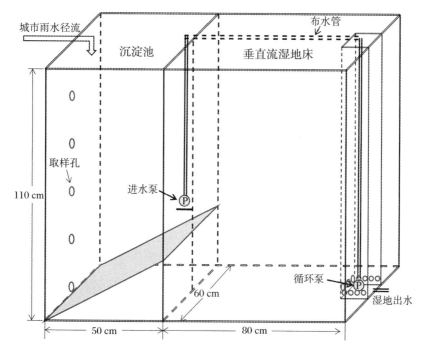

图 4.4　中试尺度雨水径流处理湿地的结构和尺寸

在湿地床表面上方约 15 cm 的高度,使用一根聚乙烯塑料管将进水泵和循环泵连通。在其两端各设置一个启闭阀门,靠近沉淀池一侧的阀门,用来控制经沉淀后湿地床进水的启闭,靠近循环泵一侧的阀门,用来控制湿地出水再循环的启闭。在塑料管道上均匀地设置三个喷嘴,从而可将湿地进水或循环水均匀地布洒到湿地床表面。

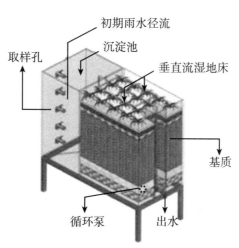

图 4.5　中试尺度雨水径流处理湿地设计效果图

　　每个中试垂直流湿地的尺寸如下：长度为 1.3 m，宽度为 0.6 m，高度为 1.1 m。其中，沉淀池的宽度为 0.6 m，长度为 0.5 m；湿地床的高度为 1.1 m，长度为 0.8 m。

4.1.2　试验装置组装

1. 装配

　　如图 4.6 所示，三个中试湿地具有相同的结构和尺寸。湿地的壁体材料为蓝色不透明的亚克力板，厚度为 1 cm，其强度足以支撑湿地内部的基质和水。因为光会给植物根系带来压力，并限制自养生物的生长，因此使用这种不透明的材料以阻止阳光的透射。此外，该种材料的导热性很低，能够有效消除湿地内外能量的传输，从而保持湿地内部环境的相对稳定。

图 4.6　中试试验雨水径流处理湿地的安装

2. 基质准备

三个湿地的主体基质材料分别为木片、浮石和火山石,如图 4.7 所示。所有基质材料都是从自然界直接取材,很容易获取,并且有其独特的性质。木片来源于对松木加工时的副产物,是一种可再生的有机材料,在三种材料中密度最低,为 260 kg/m³。浮石也是一种轻质的材料,密度为 400 kg/m³,在三种基质材料中比表面积最大,为 29.55 m²/g。火山石来源于火山的喷发,是一种多孔材料,比表面积为 4.56 m²/g,密度相对较大,为 840 kg/m³。

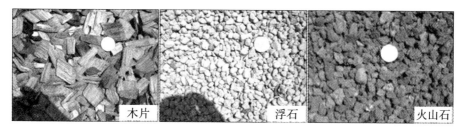

图 4.7　用于中试尺度雨水径流处理湿地的主体基质

各主体基质的物理特性,如表 4.1 所示。

表 4.1　中试试验雨水径流处理湿地所使用主体基质的物理性质

基质	粒径(mm)	d_{10}(mm)	d_{50}(mm)	d_{60}(mm)	U	孔隙度
木片	15.0~65.0	20.0	31.0	34.0	1.70	64.0%
浮石	6.0~13.0	7.0	9.0	9.0	1.29	55.0%
火山石	11.0~20.0	13.5	16.0	16.5	1.22	65.0%

注:d 表示等效体积球体的直径;U 表示均匀系数。

由表 4.1 可知,木片的粒径尺寸最大,其次为火山石,粒径最小的是浮石;从颗粒均匀度来说,木片的均匀系数为最大,说明其粒度分布范围较大,其次是浮石,粒度分布最为均匀的是火山石。三种基质材料的孔隙率都在 55%~65% 之间。此外,还使用了小砾石(直径:4.8~5.5 mm)、中砾石(直径:22.3~31.7 mm)和大卵石(直径:24~36 mm)作为湿地的辅助基质。

湿地内部基质材料的结构及厚度,从上到下,分别为小砾石(5 cm)、大卵石(5 cm)、主体基质(60 cm)、中砾石(10 cm)和大卵石(10 cm),如图 4.8 所示。各湿地的基质层总深度为 90 cm,主体基质分别为木片、浮石和火山石。

填充基质材料时,首先用干净的湖水对其冲洗,然后按照设计的排列顺序进行充填,基质材料的冲洗和装填过程如图 4.9 所示。

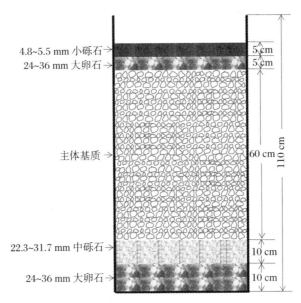

图 4.8　中试试验湿地的基质层结构

图 4.9　基质材料的清洗和装填

3. 移植

菖蒲仍然被用作湿地植物,以提供景观价值和提高过滤处理的效率。在移植植物时,将其根系直接置入表层的辅助材料层与下部的主体材料层之间,而不额外使用土壤去增加其肥力,见图 4.10。

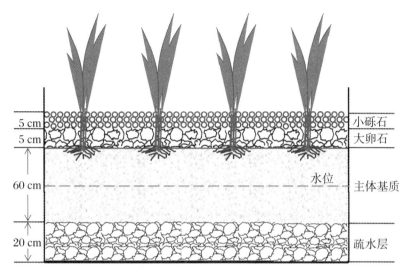

图 4.10　菖蒲移栽示意图

在植物移植之前,将其叶片部分裁剪至 20 cm 左右长,并冲洗掉根茎上的泥土,以防止对基质造成堵塞,如图 4.11 所示。为了给植物生长提供合适的行距,并使各湿地的初始生物量相接近,将植株的密度设置为 41 株/m^2。

图 4.11　菖蒲的移植过程

菖蒲移植后,需要一定的时间去适应新的生长环境。因此,在湿地开始运行的前十天内,向湿地基质中注入湖水,并使水位保持在主体基质内 50 cm 的位置,每天循环五次,以使植物和微生物在新环境中快速定殖。

4. 控制系统

在试验场地安装了一套太阳能设备,为湿地系统的运行提供清洁能源,保障水泵的正常运行和夜晚的照明。此外,还安装了一个控制系统来操控循环泵的启闭,在设定的时间,循环泵的阀门将根据控制系统发送的指令自动打开或关闭。

4.1.3 运行与管理

综合考虑设计水位和基质孔隙率,对应于以木片、浮石和火山石为基质的湿地,计算可得其所需的进水量分别为 126 L、102 L 和 120 L。

在试验期间,湿地的运行模式为间歇性序批式进水。起初,雨水径流在重力作用下,通过管道收集系统被引入储水罐进行储存,然后通过泵系统输送至沉淀池。在沉淀池内静置 24 h 后,使用泵将其引入湿地床,进水流速为 55 m/天,近似地对应于重现期为 5 年的降雨事件。进水在湿地床内逐渐向下渗透,穿过不饱和区域,并在下部的饱和区积聚。为了提高处理效率或者缩短处理周期,每经过 6 h 的滞留后,启动循环系统,将湿地出水收集并输送至湿地床表面,以相同的流速再次渗透通过基质层,进行循环处理。

湿地的处理周期设计为 3 天,进水后的第 1 天循环频率为 3 次,第 2 天和第 3 天各为 4 次。每两次循环之间的时间间隔为 6 h,循环时间设置为 0 点、6 点、12 点和 18 点。每个处理周期结束后,向湿地系统中注入另一批次进水。表 4.2 列出了湿地系统运行的水力学信息。

表 4.2　中试湿地系统运行的水力学信息

湿地基质	模拟干期（天）	总循环次数	EBCT（天）	EHRT（天）	AV（m/天）	PV（m/天）
木片	1	3	3.43	2.19	55	85
	2	7	3.43	2.19	55	85
	3	11	3.43	2.19	55	85
浮石	1	3	4.24	2.33	55	99
	2	7	4.24	2.33	55	99
	3	11	4.24	2.33	55	99
火山石	1	3	3.60	2.34	55	84
	2	7	3.60	2.34	55	84
	3	11	3.60	2.34	55	84

注:EBCT 表示空床接触时间;EHRT 表示有效水力停留时间;AV 表示行进速度;PV 表示孔隙内行进速度。

在开始每批次实验前,将储水池中存储的雨水进行充分搅拌,然后取出 500 mL 作为沉淀池进水的样品。在沉淀池沉降 24 h 后,从沉淀池外壁的中间取样孔取出 500 mL,作为沉淀后出水(即湿地床进水)的样品。从湿地床外壁的出水口,每天收集一次处理后的出水,以对不同停留时间的处理效率进行对比分析。所有的取样工作都在上午 11 点至 12 点之间完成。

三组湿地系统平行地运行,分别对木片、浮石和火山石等不同基质的处理性能进行测试评价。所有湿地系统均放置在室外,使用底座进行支撑,见图 4.12。研究场地位于某城市大学校园附近的一条柏油公路桥旁。

(a) 俯视图   (b) 侧视图

图 4.12   中试试验垂直流雨水径流处理湿地外观

4.1.4   降雨监测

中试试验的运行周期为 160 天(5 月下旬至 11 月上旬),图 4.13 显示了试验期间降雨事件和降雨量的分布。其中,共在 18 次降雨事件中进行了雨水径流的收集和储存,开展了 28 次的径流处理试验。表 4.3 列举了 18 次降雨事件的相关信息。

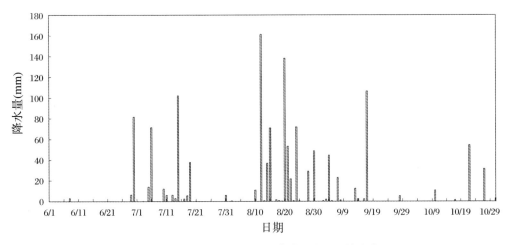

图 4.13   中试试验期间降雨事件和降雨量的分布

表 4.3　用于湿地处理试验的降雨事件信息

编号	日期	降雨深度 （mm）	降雨持续 时间(h)	降雨强度 （mm/h）	先行干期 （天）	处理试 验批次
1	06-08	2.9	2.17	1.34	24.0	E1，E2
2	06-29	6.4	4.25	1.51	20.0	E3，E4
3	07-05	14.1	17.17	0.82	4.0	E5
4	07-10	12.2	8.67	1.41	3.0	E6
5	07-13	6.2	0.83	7.47	1.0	E7
6	07-18	5.5	6.17	0.89	2.0	E8，E9
7	08-10	11.0	8.58	1.28	9.0	E10
8	08-12	161.3	15.83	10.19	1.0	E11
9	08-20	138.1	23.22	5.95	4.0	E12，E13
10	08-28	29.2	16.5	1.77	3.0	E14
11	09-04	44.7	15.83	2.82	4.0	E15
12	09-07	22.9	2.92	7.84	2.0	E16
13	09-13	12.5	13.67	0.91	5.0	E17
14	09-17	106.5	22.5	4.73	3.0	E18，E19，E20
15	09-28	5.3	1.83	2.90	10.0	E21，E22，E23
16	10-10	10.6	1.5	7.07	11.0	E24，E25，E26
17	10-22	54.4	11.33	4.80	11.0	E27
18	10-27	31.5	16.58	1.90	4.0	E28

4.1.5　水质参数

在试验期间,沉淀池进水、沉淀池出水（即湿地床进水）和湿地床出水的取样都在每天上午 11 点至 12 点之间进行。使用经预先清洗过的 PVC 塑料瓶收集样品,在现场进行基本参数的测定后,将水样迅速带回实验室。测试的水质参数包括温度、pH、电导率、浊度、总悬浮固体、总化学需氧量和可溶性化学需氧量,以及总氮、总磷、氨盐（NH_4^+-N）、硝酸盐（NO_3^--N）和磷酸盐（PO_4^{3-}-P）等。在采样现场,使用 YSI 556 便携式水质检测仪测定温度、pH 和电导率,同时使用 2100N 浊度计测定浊度。

其他参数的测定,在实验室内进行。COD 的测试采用美国 Hach 公司的 Tubetests系统,该系统集成了加热器和光度计,为 COD 测量提供了一个完整的方案。在该方法中,水样的氧化在预制的密封反应管中进行,在硫酸银催化剂存在条件下,使用硫酸和重铬酸钾对水样进行消化,重铬酸盐的消耗量与氧化的 COD 成正比。使用 DR/2500 分光光度计测量其吸光度。COD 分析采用三种规格的 Tubetests测试管进行(产品代码为 UR、LR 和 MR),对应的测量范围分别为 40 mg/L、

150 mg/L 和 1500 mg/L。其他水质参数的测定,依据《水和废水检测标准方法》进行(APHA,2005)。

使用 AccuSizerTM 780A 颗粒分析仪对水样中颗粒物质的粒度分布进行分析。该仪器配备有水样自动稀释系统和光消减传感器(型号:LE400-0.5 EXT)。在分析每个样品之前,系统进行三次冲洗,从而可将测量瓶中颗粒物的背景浓度降低到每毫升 10 个以下。

对水样、沉淀池中沉积物和湿地床堵塞物质中的铬(Cr)、镍(Ni)、铜(Cu)、锌(Zn)、镉(Cd)和铅(Pb)等重金属进行了测试分析。使用硝酸-盐酸消化法处理用于重金属测试的水样:将 100 mL 经充分混合的样品转移到烧杯中;添加 2 mL 1 + 1 HNO_3 和 10 mL 1 + 1 HCl,并在高温下加热,使之不沸腾,直到体积减少至 25 mL 左右;冷却并过滤以去除不溶性物质,然后将样品转移至容量瓶中,定容使体积达到 100 mL,并充分混合。使用 ICPS-7510 连续等离子体光谱仪测定重金属含量。

4.1.6　植物监测

1. 植物生长

每 10 天监测一次菖蒲的生长情况。测量植物的最大长度,记录其茎叶数量,通过叶片取样获得单位叶长的生物量。根据这些数据,计算菖蒲的现存生物量。同时,对叶片含水量以及叶片中总氮和总磷的积累量进行测定。经过约 160 天的运行期后,湿地在 11 月初运行关闭,同时对植物进行收割(植物尚未自然死亡)。

随后,在试验现场对植株的总长度和根长度进行测量,在实验室对地上生物量和根系生物量进行称重,并据此计算每个湿地的单位生物量积累。

2. 植物组织

从每个湿地的植物中,随机抽取一部分叶和冲洗过的根,作为样本分别进行测量,评估植物中的水分以及氮和磷的含量。对植物的鲜重进行记录后,将每个样品在 75 ℃下烘干 48 h,并记录干重。然后使用研磨机将干样品研磨成细粉末,测定植物组织中的氮和磷含量,每个样品进行三次平行测试。将用于氮和磷测试的植物样品粉末溶解在蒸馏水中,使用与上述水质参数测定相同的方法进行测定。

4.1.7　运行检查

试验期间,制定了湿地运行检查表,对三个湿地系统每天进行一次检查,以收集这些湿地的日常运行信息,包括能量消耗、水位变化、管道状况、有无漏水等(表 4.4)。

使用电流表记录单日和累计的电量消耗。每天对电量的消耗进行检查,有两个好处:一是可以借此估算湿地运行的能源成本,二是可以用来指示水泵是否正常运行。在理论上,每天的能量消耗应该是基本一致的。

　　每天对湿地床内部的水位检查也是必要的,这可以反映湿地床体或再循环过程中是否发生了意外泄漏,也能对湿地的蒸发量进行估算。

表 4.4　中试规模垂直流雨水径流处理湿地运行检查表

日期		时间		空气温度	℃
循环间隔时间			单次循环时长		秒
电表读数		kW·h	单日用电量		kW·h
湿地进水	进水前	关闭循环泵端管道阀门,保持沉淀池端管道阀门半开			
	进水后	保持循环泵端阀门半开,关闭沉淀池端阀门			
泵的状况	储存池泵	正常/故障(打✓)			
	木片湿地	沉淀池泵	正常/故障	循环泵	正常/故障
	浮石湿地	沉淀池泵	正常/故障	循环泵	正常/故障
	火山石湿地	沉淀池泵	正常/故障	循环泵	正常/故障
管道系统	管道泄漏	否/是			
	喷嘴堵塞	木片湿地	否/是		
		浮石湿地	否/是		
		火山石湿地	否/是		
堵塞情况	水位高度	cm			
		cm			
		cm			
泄漏情况	木片湿地	否/是			
	浮石湿地	否/是			
	火山石湿地	否/是			
累计进水量		L			
类型	温度	pH	电导率	溶解氧	浊度	干期(天)
木片湿地出水						
浮石湿地出水						
火山石湿地出水						
沉淀池进水						
湿地床进水						

注:

4.1.8 堵塞分析

试验运行结束后,取出所有湿地基质,并对其进行冲洗,将冲洗液进行收集,以估计堵塞物质(如颗粒物和生物膜)的积累情况。主体基质层的清洗,以 10 cm 为一层,自上而下共分为 5 层,用以观察基质层随深度变化的堵塞情况。基质材料清洗完毕后,使用锥形量筒对清洗出来的水进行静置沉淀,测量沉淀物的体积,用以反映孔隙的堵塞程度。对总悬浮固体、挥发性悬浮固体和总化学需氧量进行测定,以分析堵塞物质的成分。同时,测定总氮和总磷含量,估算营养成分的积累情况。

4.2 试 验 结 果

4.2.1 沉淀池性能

1. 沉淀前后水质的变化

表 4.5 显示了沉淀池进水(雨水径流)和沉淀后出水的质量变化。通过对比可以发现,雨水径流沉淀前后在温度、pH、电导率和碱度等参数上无显著差异。但沉淀后的总悬浮固体浓度和浊度明显低于沉淀前,此外,总化学需氧量、总氮和总磷的浓度,也因为沉降作用而显著下降。然而,溶解性污染物尤其是可溶性化学需氧量、铵态氮、硝态氮等,在沉淀前后的变化并不明显。

表 4.5 沉淀池中进水和出水的质量变化

参数	单位	雨水径流沉淀前			雨水径流沉淀后		
		范围	平均值	标准偏差	范围	平均值	标准偏差
温度	℃	13.00～33.50	24.20	5.76	13.50～33.00	23.52	5.07
pH	—	6.66～7.66	7.16	0.25	6.58～7.51	7.06	0.23
EC	μs/cm	55～1541	359	380	114～1539	344	359
碱度	mg/L	19.6～115.6	48.5	21.4	21.6～88.2	48.7	20.0
浊度	NTU	22.2～239.0	104.4	65.1	5.0～150.0	24.9	27.2
TSS	mg/L	46.0～896.0	318.9	227.6	4.5～95.0	22.5	20.2
TCOD	mg/L	39.9～507.5	192.5	117.9	17.6～257.6	65.4	56.9

参数	单位	雨水径流沉淀前			雨水径流沉淀后		
		范围	平均值	标准偏差	范围	平均值	标准偏差
SCOD	mg/L	10.5～217.4	58.1	51.7	10.1～193.8	49.1	45.5
TN	mg/L	2.90～13.76	6.70	3.22	2.014～12.63	4.73	2.88
NH_4^+-N	mg/L	0.12～4.21	1.01	1.01	0.07～3.94	1.03	0.99
NO_3^--N	mg/L	0.17～4.30	0.75	0.83	0.17～2.19	0.66	0.45
TP	mg/L	0.12～1.49	0.51	0.33	0.04～0.36	0.16	0.08
PO_4^{3-}-P	mg/L	0.00～1.45	0.10	0.29	0.00～0.14	0.04	0.03

2. 滞留时间对颗粒去除的影响

滞留时间是影响沉淀池中颗粒物去除的一个非常重要的因素。本研究考查了在沉淀时间为 18 h 的情况下,总悬浮固体和浊度的去除率,如图 4.14 所示。

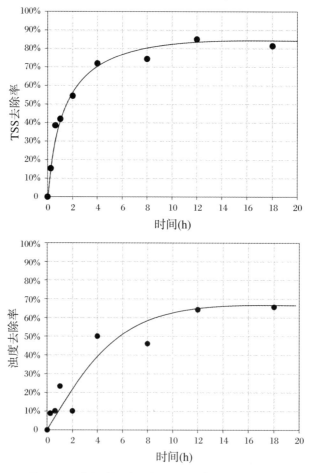

图 4.14　滞留时间对雨水径流中颗粒物去除的影响

在沉淀的前4 h里,随沉淀时间增加,总悬浮固体和浊度的去除率快速增加。而在其后,随时间的变化,去除率的增加则变得缓慢。由此可见,可沉降颗粒可以在短时间内通过沉淀作用被去除,之后,滞留时间的延长并不能进一步显著地促进颗粒的去除。基于这一结果,在本研究中,将雨水径流的沉淀时间设定为1天是合理的。

以某次处理实验为例,图4.15和图4.16显示了雨水径流沉淀前后颗粒物的粒径分布。可以看出,以数量计,小颗粒($<8\ \mu m$)在雨水径流沉淀前后都占主导地

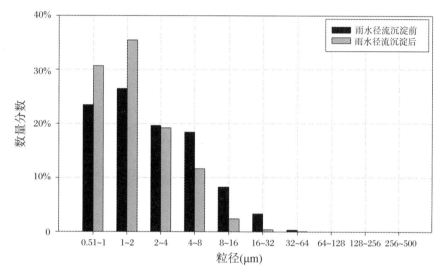

图4.15 沉淀池进水和出水中不同粒径微粒的数量分布

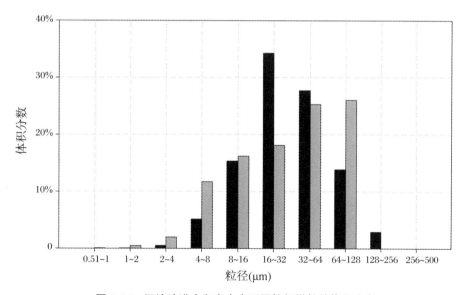

图4.16 沉淀池进水和出水中不同粒径微粒的体积分布

位,其比例占到了总颗粒物数量的 90%以上。但以体积计算的话,它们所占的体积分数却非常低。由于大颗粒物质的沉降效果更好,所以雨水径流在沉淀之后,小颗粒物质在数量和体积上的比例都有所增加。

3. 污染物在沉淀池中的去除

图 4.17 显示了试验周期内,雨水径流在沉淀前和沉淀后污染物浓度的变化。由图可知,不管沉淀池进水中总悬浮物浓度如何变化,沉淀后的出水中总悬浮物浓度基本保持稳定。对于总化学需氧量和总磷,在最初的 10 个批次运行实验中,出水中浓度明显受到进水浓度的影响,在此之后,则保持了相对稳定。另外,总氮在出水中的浓度,与进水浓度呈现了明显的相关性。

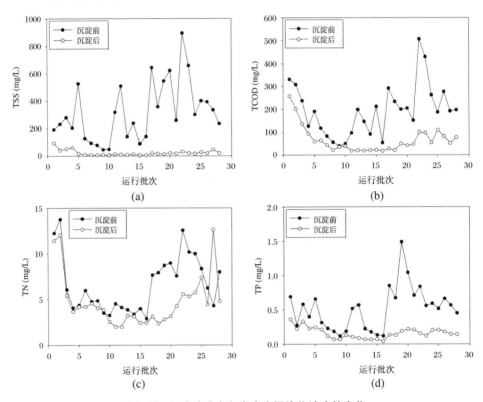

图 4.17   沉淀池进水和出水中污染物浓度的变化

图 4.18 展示了沉淀池的整体性能。由图可知,在沉淀前后,雨水径流中的总悬浮物浓度由 319 mg/L 降低到了 23 mg/L,平均去除效率为 93%。而总化学需氧量、总氮和总磷则分别由 118 mg/L 降低到 65 mg/L、由 6.7 mg/L 降低到 4.7 mg/L、由 0.51 mg/L 降低到 0.16 mg/L,对应的去除率分别为 45%、30% 和 69%。该结果表明,总悬浮物的去除增强了以颗粒态为主的污染物的去除。

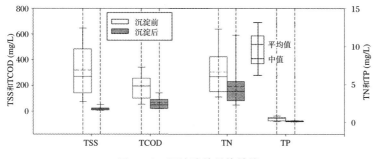

图 4.18 沉淀池的总体性能

4. 总悬浮物去除对其他污染物去除的影响

图 4.19 展示了颗粒物质去除与总化学需氧量、总氮和总磷去除的相关性。由图可知,当总悬浮物的去除率超过 80% 时,总化学需氧量、总氮和总磷的去除率,特别是总化学需氧量和总磷的去除率,随着总悬浮物去除率的提高而明显提升。

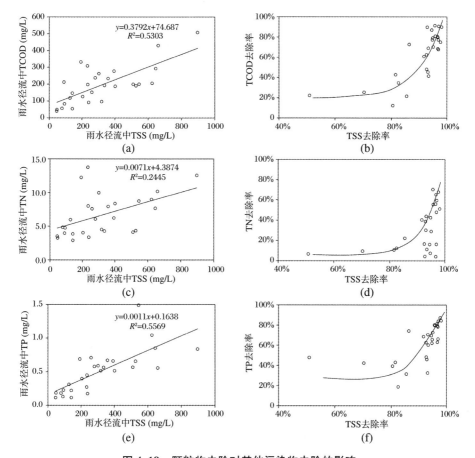

图 4.19 颗粒物去除对其他污染物去除的影响

这归因于雨水径流的特性,因为雨水径流中通常含有大量的颗粒态污染物。在本研究中,总化学需氧量和总悬浮物以及总磷和总悬浮物之间的相关性系数(R^2)分别为 0.53 和 0.56。因此,颗粒物质的沉降,使总化学需氧量和总磷的去除得到了增强。然而,总悬浮物的去除并没有必然地促进总氮的去除,这是因为溶解态氮在总氮中占据了主导地位。

4.2.2 湿地床性能

1. 木片基质湿地

一般而言,木片基质湿地除了释放有机物质外,对总悬浮物和营养物质的去除效果良好。如图 4.20(a)、图 4.21(a) 和表 4.6 所示,在试验运行期间,湿地床进水中总悬浮物浓度在 4.5～95 mg/L 之间,平均为 22.5 mg/L。当模拟干期分别为1 天、2 天和 3 天时,出水中总悬浮物降到了 10.9 mg/L、8.5 mg/L 和 7.5 mg/L,对应的去除率分别为 18.5%、37.3% 和 48.7%。

模拟干期的长短对出水中总悬浮物浓度的影响是显著的,因为随着循环次数的增加,通过基质层的多次过滤,更多的颗粒物质被截留了下来。在第 7 至第 17批次处理试验中,出现了出水中总悬浮物高于进水的现象,这表明一些颗粒物质从湿地床中被冲刷出来。但这一现象仅仅发生在进水总悬浮物浓度较低的情况。在Ruane 等(2011,2012)的报道中,也发现了类似的结果。

由图 4.20(b) 和 (c)、图 4.21(b) 和 (c) 可知,在试验期间,木片基质湿地出水中的有机物浓度高于进水。这是因为,木片基质中的一些有机物质,经由微生物降解过程被释放了出来,其形态主要是溶解态。对应于模拟干期 1 天、2 天和 3 天,出水中总化学需氧量的平均浓度分别为 101 mg/L、115 mg/L 和 119 mg/L。很明显,随着模拟干期时间的增加,出水中总化学需氧量的浓度增加,即滞留时间越长,有机物质被释放出来的越多。木片用于基质材料,在试验运行初期有机物质被浸出的现象,在很多的文献中都有报道(Robertson et al.,2005;Schipper et al.,2010;Warnekea et al.,2011)。但是,硬木和软木释放的有机物质的量是不同的,并且浸出量随滞留时间的延长而增加(Robertson, et al.,1995)。

图 4.20(d)、图 4.21(d) 和表 4.6 展示了木片基质湿地的脱氮性能。在试验运行期间,湿地床进水中总氮的浓度范围为 2.01～12.63 mg/L,平均值为 4.73 mg/L。随着模拟干期天数的增加,总氮的去除率分别为 38.2%、39.0% 和 40.4%,由此可见模拟干期变化对于总氮的去除影响有限。在木片基质湿地中,氮主要通过反硝化作用和植物吸收被去除。一般来说,因为木片降解可以提供有机碳,因此反硝化作用的进行不会受到碳源缺乏的限制。

木片基质湿地也展示了良好的硝化作用,随模拟干期的增大,NH_4^+-N 的去除率分别达到了 53%、81% 和 83%,见表 4.6。基质中有机物的降解释放消耗了湿地孔隙中的氧气,不利于硝化作用的进行,然而这种不利影响却被循环处理过程所抵消。因为通过循环过程,湿地出水被重新布洒到湿地表面,这一过程促进了水与空气的再次接触,从而为硝化作用的进行补充了更多的氧气。

除少数几种情况外,湿地床进水中 NO_3^--N 的浓度低于 1.0 mg/L。对应于不同的模拟干期,在湿地出水中 NO_3^--N 的平均浓度分别下降到 0.28 mg/L、0.22 mg/L 和 0.23 mg/L,分别被消减了 49.0%、55.0% 和 52.6%,如图 4.20(f)、图 4.21(f) 和表 4.6 所示。

图 4.20(g)~(h)、图 4.21(g)~(h) 和表 4.6 显示了木片基质湿地中总磷和正磷酸盐的去除。由图表可知,磷的去除率并不总为正值,特别是在试验的起始阶段,原因在于木片基质中有磷被浸出(Chen et al.,2012;Healy et al.,2012)。在此种情况下,木片对磷的吸收能力较低,因此在此种类型湿地中,磷的去除主要是通过植物的生长吸收作用,而不是基质材料的吸附。

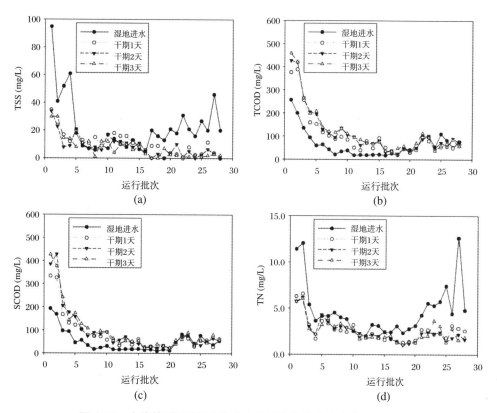

图 4.20　木片基质湿地进水和出水中污染物浓度随试验时间的变化

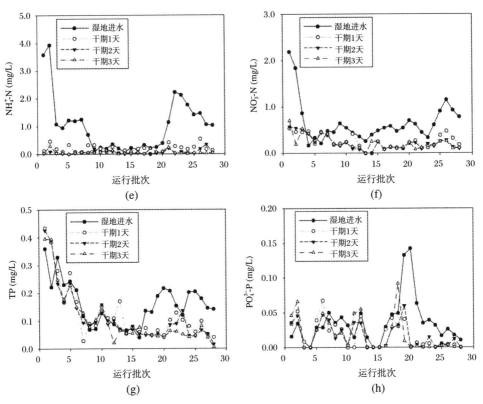

图4.20　木片基质湿地进水和出水中污染物浓度随试验时间的变化(续)

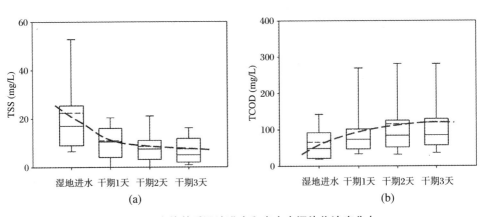

图4.21　木片基质湿地进水和出水中污染物浓度分布

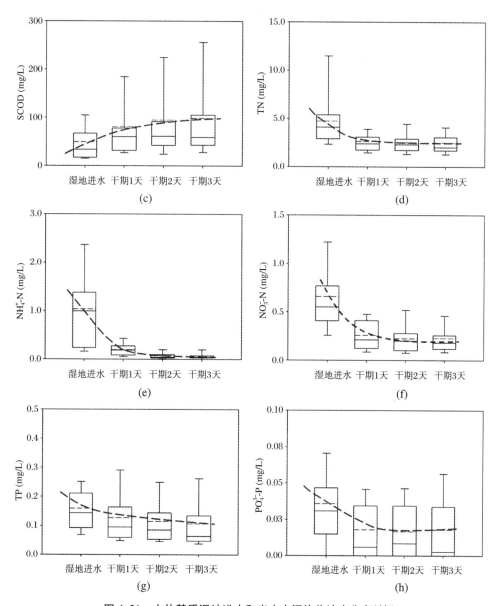

图 4.21 木片基质湿地进水和出水中污染物浓度分布(续)

2.浮石基质湿地性能

图 4.22、图 4.23 和表 4.7 展示了浮石基质湿地在污染物去除方面的性能。除硝态氮以外,湿地进水中的其他污染物都明显被去除了。当模拟干期分别为 1 天、2 天和 3 天时,总悬浮物分别被消减了 86.1%、92.8% 和 90.4%,降低到了 2.1 mg/L、1.1 mg/L 和 1.3 mg/L,见图 4.22(a)、4.23(a)和表 4.7,可见浮石基质湿地在去除总悬浮固体方面的性能非常稳定。模拟干期天数对总悬浮物去除的影

表4.6　木片基质湿地的污染物去除率

水质参数	模拟干期1天	模拟干期2天	模拟干期3天
TSS	51.6%	62.2%	66.7%
TCOD	-54.4%	-75.8%	-82.0%
SCOD	-64.4%	-93.1%	-100.1%
TN	44.7%	46.8%	47.3%
NH_4^+-N	80.8%	93.1%	93.6%
NO_3^--N	57.6%	66.7%	65.2%
TP	20.1%	27.7%	33.0%
PO_4^{3-}-P	50.3%	53.4%	49.9%

响不明显,表明大多数固体颗粒在模拟干期为1天时即可被基质截留。据Korkusuz等(2005)报道,以砾石为基质的过滤装置,总悬浮物去除率在4%～82%之间;而Aslam等(2007)则观察到总悬浮物的去除率在39%～58%之间。相比而言,本研究取得了明显的更好的效果。

如图4.23(b)和(c)所示,对应于模拟干期1天、2天和3天,进水中总化学需氧量从65 mg/L分别降到了35 mg/L、32 mg/L和31 mg/L,而溶解性化学需氧量则从49 mg/L分别降到了28 mg/L、25 mg/L和23 mg/L。从两组数据的对比可以看出,湿地出水中的有机物主要是可溶态。同时,不同模拟干期出水中化学需氧量差异不大,这意味着可生物降解的有机物在模拟干期为1天时,即可通过沉淀、过滤和生物降解得以去除,剩余的则是难以通过生物过程被降解的。与生物降解相比,有机物通过植物吸收作用被去除的量,则可以忽略不计(Watson et al.,1989)。

随着模拟干期的增加,进水中的总氮被降低至2.81 mg/L、2.71 mg/L和2.70 mg/L,去除率分别为33.0%、39.4%和39.0%,见图4.23(d)和表4.7,随着模拟干期从1天增加到3天,氮的去除率略有提高。

表4.7显示,在模拟干期分别为1天、2天和3天时,铵态氮的去除率分别为85.8%、88.5%和88.0%。这些数据表明,铵态氮的去除非常稳定,大部分的铵态氮仅在模拟干期为1天时就被去除了,见图4.23(e),这也说明浮石基质湿地内的氧气含量足以满足硝化作用需要。

表4.7　浮石基质湿地中污染物的去除率

水质参数	模拟干期1天	模拟干期2天	模拟干期3天
TSS	90.7%	95.2%	94.1%
TCOD	46.0%	51.5%	52.8%
SCOD	43.5%	49.0%	53.3%

水质参数	模拟干期 1 天	模拟干期 2 天	模拟干期 3 天
TN	39.0%	42.7%	43.0%
NH_4^+-N	91.6%	96.0%	96.6%
NO_3^--N	-47.7%	-39.9%	-45.4%
TP	68.9%	80.1%	80.3%
PO_4^{3-}-P	74.3%	78.8%	81.5%

图 4.22(f)和图 4.23(f)显示,除个别几个情况外,湿地出水中的硝态氮浓度均高于进水;对应于不同的干期,出水中硝态氮的平均浓度分别为 0.97 mg/L、0.92 mg/L 和 0.96 mg/L。

已有研究表明,在大多数人工湿地中,氮的去除机制主要是微生物的硝化/反硝化作用(Vymazal,1998)。在间歇式供水的垂直流湿地中,与水平流湿地相比,其基质中的氧化作用增加了几倍,这可能有效促进了硝化过程。如果存在可用的碳源,则随后可以通过微生物的反硝化作用来转化产生的硝酸盐(Haberl,1995;Vymazal,1998)。在这种情况下,吸附、反硝化和植物吸收可能是脱氮的途径。然而,反硝化反应的进行则可能受到可用碳源的限制。

据报道,使用砾石作为基质可以增强磷的去除(Korkusuz,2005)。浮石基质湿地对总磷和正磷酸盐的去除效果良好。在试验期间,对应于模拟干期 1 天、2 天和 3 天,总磷从 0.16 mg/L 降低到了 0.05 mg/L、0.03 mg/L 和 0.03 mg/L,而正磷酸盐则从 0.04 mg/L 降低到了 0.01 mg/L、0.01mg/L 和 0.01 mg/L,见图 4.23(g)和图 4.23(h)。浮石基质湿地中磷的去除途径可归类于吸附、微生物同化和植物吸收。在后面的章节,将计算分析不同途径对磷的去除量。

3. 火山石基质湿地性能

火山石基质湿地对总悬浮物、有机质和营养物质的去除取得了良好的效果,然而对硝态氮和正磷酸盐的消减不佳,如图 4.24、图 4.25 和表 4.8 所示。

该湿地在去除总悬浮物方面表现出了非常稳定的性能,在模拟干期分别为 1 天、2 天和 3 天时,进水中的总悬浮物浓度从 22.5 mg/L 分别降低到了 2.4 mg/L、1.3 mg/L 和 1.3 mg/L,去除率为 89.3%、94.4% 和 94.4%,见图 4.25(a)和表 4.8。随着模拟干期天数的增加,总悬浮物的去除率仅是略有提高,这意味着大多数固体颗粒可以被湿地基质迅速地截留。

图 4.24(b)、(c)、图 4.25(b)、(c)和表 4.11 展示了有机物的去除情况。在模拟干期为 1 天、2 天和 3 天时,进水中有机质(TCOD)的去除率分别为 34.4%、36.1% 和 29.4%,平均出水浓度为 36 mg/L、34 mg/L 和 38 mg/L。其中,溶解性

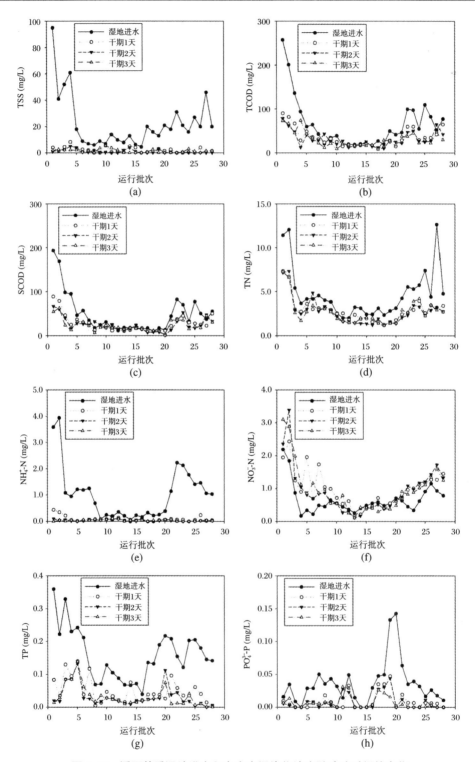

图 4.22　浮石基质湿地进水和出水中污染物浓度随试验时间的变化

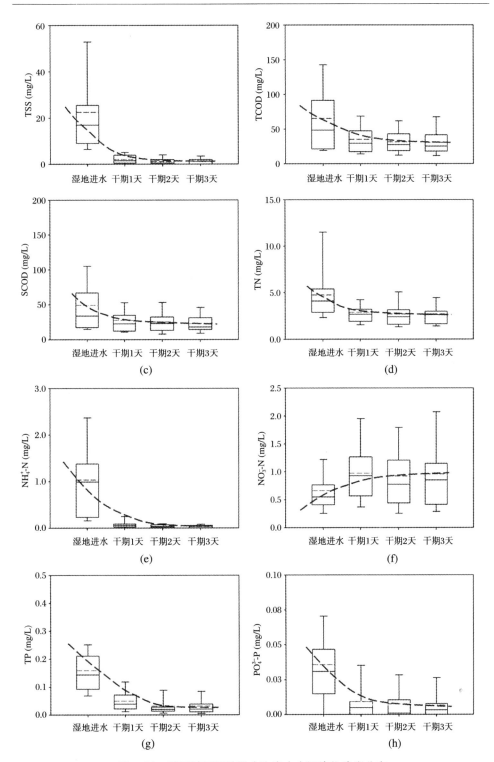

图 4.23　浮石基质湿地进水和出水中污染物浓度分布

有机质(SCOD)的去除率分别为34.5%、34.1%和35.1%,在出水中的平均浓度分别为26.5 mg/L、25.5 mg/L 和 24.2 mg/L。很明显,随着模拟干期的变化,湿地出水中的有机质也没有显著的差异。与浮石基质湿地相似,可沉淀和可生物降解的有机物,在第1天的过滤处理中即被大量去除。

平均来看,总氮的去除率分别为26.6%、31.1%和33.7%,在出水中的平均浓度分别为3.33 mg/L、3.15 mg/L 和 3.03 mg/L,如图4.25(d)和表4.8所示,去除率随着模拟干期的增加而略有提高。

铵态氮的去除非常稳定,在模拟干期等于1天、2天和3天时分别被去除了86.6%、90.6%和88.7%,出水中平均值分别为0.09 mg/L、0.04 mg/L和0.04 mg/L,见表4.8,这意味着铵态氮在第1天的处理时间内就可以大量被消减。

除少数情况外,出水中硝态氮的浓度高于进水,如图4.24(f)和表4.8所示,与浮石基质湿地类似,试验运行期间发生了硝态氮的积累。

在火山石基质湿地中,氮去除的主要机制是吸附、反硝化和植物的吸收。然而,由于该基质中缺乏足够的有机物,从而反硝化作用受到了碳源缺乏的限制。

由图4.24(g)、图4.25(g)和表4.8可知,总磷的去除率良好,而正磷酸盐的去除效果不佳。试验期间,随着模拟干期的变化,平均来看,总磷从0.16 mg/L降低到了0.07 mg/L、0.06 mg/L 和 0.05 mg/L。磷的去除归因于植物的吸附和吸收。然而由于火山石基质材料的释放作用,正磷酸盐的去除率并不总是为正值,特别是在试验的初始阶段。

表4.8　火山石基质湿地的污染物去除率

水质参数	模拟干期1天	模拟干期2天	模拟干期3天
TSS	89.3%	94.4%	94.4%
TCOD	45.2%	48.6%	42.3%
SCOD	46.0%	48.2%	50.6%
TN	29.5%	33.4%	36.0%
$NH_4^+ \text{-N}$	90.8%	96.1%	95.8%
$NO_3^- \text{-N}$	−90.0%	−81.3%	−88.7%
TP	53.5%	61.9%	65.5%
$PO_4^{2-} \text{-P}$	1.8%	10.1%	2.5%

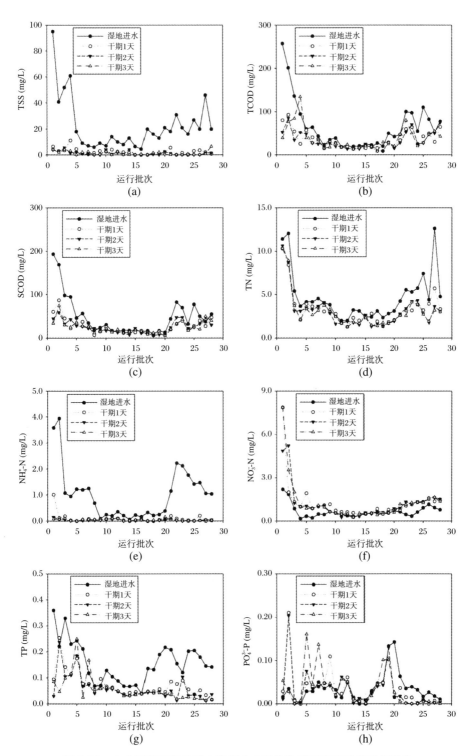

图 4.24 火山石基质湿地进水和出水中污染物浓度随试验时间的变化

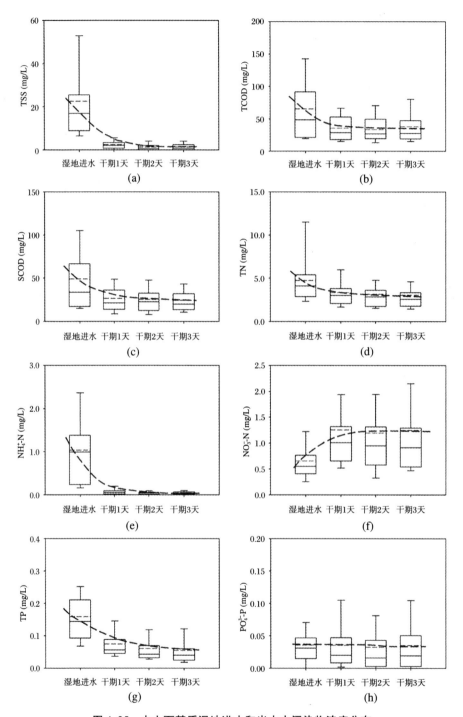

图 4.25　火山石基质湿地进水和出水中污染物浓度分布

4．不同湿地的性能比较

如图 4.26 所示,在总悬浮物去除方面,浮石湿地和火山石湿地的去除率相似,然而木片湿地的表现相对要差。原因主要在于:

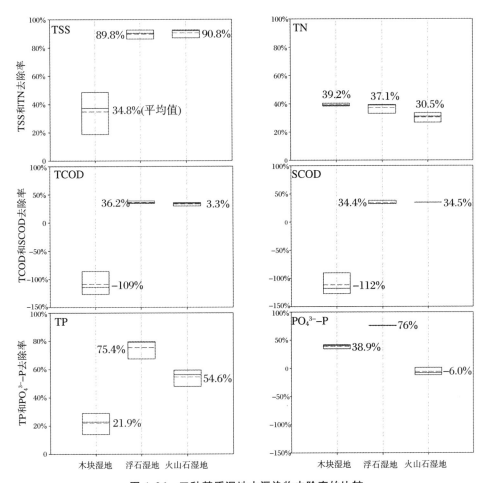

图 4.26 三种基质湿地中污染物去除率的比较

(1) 由于木片的孔隙率高于另外两种基质,颗粒物质很容易穿过木片间空隙而流出。

(2) 当木片暴露在水中时,它会因吸水膨胀而变得更软,容易破碎成更小的颗粒被冲出。

在有机质去除方面,三个湿地中,木片基质具有释放有机物的特性,特别是可溶性有机物质;而其他两个湿地则表现出了相似的有机质去除率。

由于木片可以提供用于反硝化作用的碳,因此该湿地中对氮的消减是最高的;其次是浮石湿地,因其具有良好的吸附能力,对氮的去除也有较好的效率,见图 4.27。然而,同样归因于木片中有机质的释放,在该湿地中凯氏氮的去除效果比较差。比较浮石湿地和火山石湿地出水中的有机氮浓度,可以看出,即使增加模拟干期,仍有一定量的有机氮难以去除。

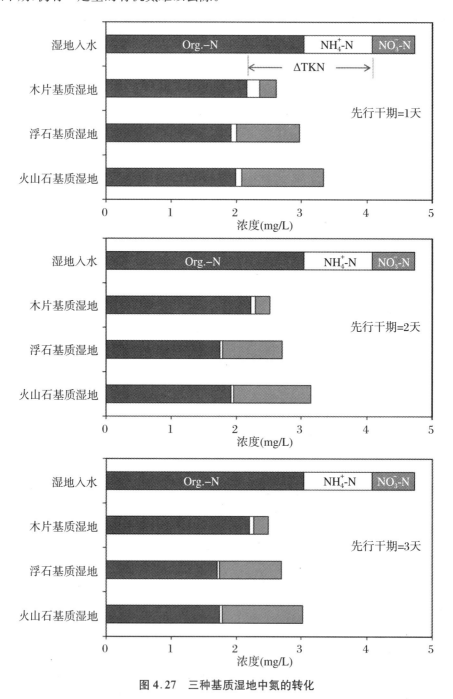

图 4.27　三种基质湿地中氮的转化

磷的去除与基质材料的吸附能力密切相关。在三种基质材料中,浮石具有最大的吸附能力,因此它对总磷的去除效果最好;木片基质吸附能力最差,所以去除总磷的能力也表现为最差。另外,火山石湿地对总磷的去除要优于木片湿地,但是两种基质本身都有可能释放磷。

5. 模拟干期天数对湿地性能的影响

除木片湿地出水中有机物的浓度外,其他污染物在三个湿地出水中的变化趋势相似,见图 4.28 和图 4.29,大体上都是随着模拟干期的增加,出水浓度先降低,然后增加。

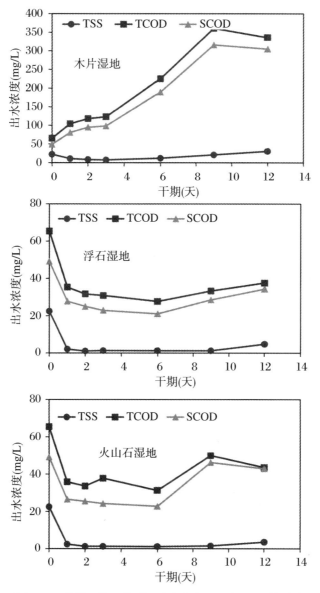

图 4.28　模拟干期天数对湿地出水中 TSS 和 COD 的影响

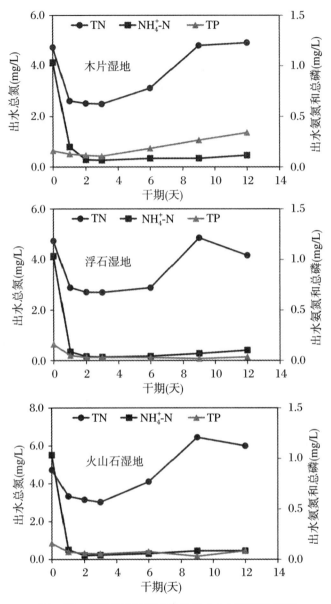

图 4.29   模拟干期天数对湿地出水中氮和磷的影响

从图 4.28 中可以看到,随模拟干期天数增加,木片湿地出水中总悬浮物的浓度增加,原因在于木片降解产生的碎屑和基质间生物膜被冲出;另外,由于木片基质自身的释放,以及颗粒态污染物矿化过程中转化为可溶态,随模拟干期的增加,木片湿地出水中营养物质也有所增加。对于浮石基质和火山石基质湿地,出水中总悬浮物增加的原因可能是基质间生物膜被冲出,而出水中营养物质的增加,也同样可归因于颗粒态污染物矿化过程中转化为可溶态。

4.2.3　物质平衡

图 4.30 至图 4.32 展示了不同模拟干期天数情况下,污染物在三个湿地中的迁移转化归趋。由图可知,不同模拟干期下的结果是相似的。沉淀作用去除了 93%的总悬浮物和 69%的总磷,以及 42%的有机物,但对总氮的去除仅为 29%。对于不同基质类型的湿地床来说,除能有效转化总氮外,木片基质湿地在其他污染物消减方面的表现较差。总体上,对污染物的去除表现最好的是浮石基质湿地。

在木片基质湿地,随模拟干期变化,进水中总悬浮物、总氮和总磷的去除率分别为 52%～67%、45%～47%和 20%～33%。模拟干期为一天时,基质单日释放的有机物数量最多,但随着模拟干期增加,虽然释放率总量增加,消耗率也明显提高,因此单日释放的增量差异变小。

在浮石基质湿地,进水中总悬浮物、有机物、总氮和总磷的去除率分别为 91%～95%、46%～53%、39%～43%和 69%～80%。

火山石基质湿地的性能略低于浮石基质湿地,它对进水中总悬浮物、有机物、总氮和总磷的去除率分别为 89%～94%、42%～48%、30%～36%和 53%～66%。

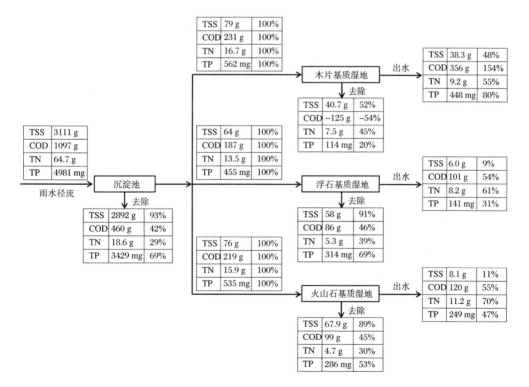

图 4.30　模拟干期为 1 天时质量平衡分析

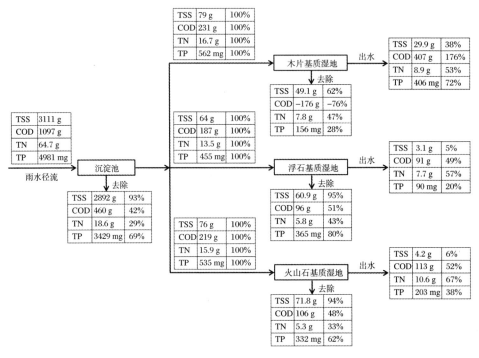

图 4.31 模拟干期为 2 天时质量平衡分析

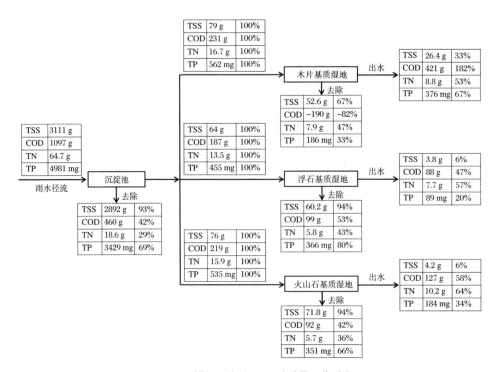

图 4.32 模拟干期为 3 天时质量平衡分析

4.2.4　植物生长状况

试验期间对湿地植物的生长状况进行了监测,如图 4.33 和图 4.34 所示。自 5 月将植物移植到湿地后,到 7 月下旬,植物在湿地中生长良好。其后至 11 月上旬试验结束,植物长势逐渐减缓,乃至枯萎衰亡。通常,在 8 月和 9 月,环境温度仍然适合植物生长。因此,除了季节变化的影响外,植物衰亡的原因可以解释为:

(1) NH_4^+-N 和 NO_3^--N 的大量去除,可能导致了基质中营养物质的缺乏。

(2) 缺氧使根系呼吸受限,因为逐渐积累在根区的颗粒物质阻碍了氧气向根区的转移。

图 4.33　中试湿地植物的总体生长状况

在三个湿地中,植物在木片基质湿地中的生长状况较差,特别是在试验的初始阶段。除了上述提到的原因以外,最重要的原因可能是:在试验初始阶段,湿地进水渗透通过上部基质层时,被截留的水主要被木片组织所吸收,间接导致了用于植物生长的水的缺乏。

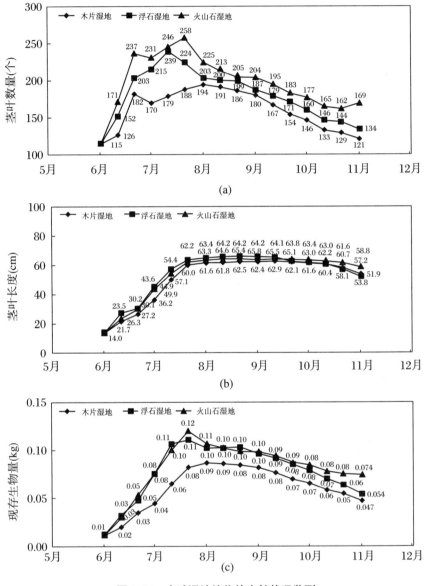

图4.34 中试湿地植物的生长状况监测

在试验结束时,对植物进行了收割分析。表4.9列出了各湿地中植物的总长度和根系的长度。最大的植物根长为720 mm,出现在浮石基质湿地中;最小的植物根长为150 mm,出现在火山石基质湿地中。从各湿地中植物的平均长度来看,木片湿地为最大,植物的平均根长和总长度分别为444 mm和983 mm。

表 4.9 湿地中植物的根长和总长度

参数	木片基质		浮石基质		火山石基质	
	根长(mm)	总长(mm)	根长(mm)	总长(mm)	根长(mm)	总长(mm)
最大值	670	1290	720	1410	449	1199
最小值	310	750	220	300	150	566
平均值	444 ± 96	983 ± 182	403 ± 144	922 ± 294	274 ± 77	863 ± 196

表 4.10 列出了各湿地中植物的生物量,根和叶的生物量因湿地类型而异。浮石湿地中,植物根的干生物量最大,为 0.74 kg/m²,木片湿地最低,为 0.44 kg/m²。叶片生物量的趋势与根生物量的相一致。因此,浮石湿地积累了最大的干生物量,为 0.43 kg,其次是火山石湿地,为 0.34 kg,最后是木片湿地,为 0.28 kg。

表 4.10 不同基质湿地中植物的生物量

生物量	木片基质			浮石基质			火山石基质		
	根系	叶片	总计	根系	叶片	总计	根系	叶片	总计
湿生物量 (kg/m²)	2.62	0.96	3.58	3.79	1.34	5.13	2.96	1.33	4.28
干生物量 (kg/m²)	0.44	0.23	0.67	0.74	0.31	1.04	0.51	0.31	0.82
总干生物 量(kg)	0.18	0.10	0.28	0.30	0.13	0.43	0.21	0.13	0.34

表 4.11 列出了湿地植物中的养分含量。植物叶片中的总氮含量,从大到小依次为火山石湿地、木片湿地和浮石湿地;而根系中的总氮含量顺序,则为浮石湿地、火山石湿地和木片湿地。叶片和根系中的总磷含量,从大到小的顺序相一致,为火山石湿地、木片湿地和浮石湿地。

表 4.11 湿地植物组织中的养分含量

营养物质	木片基质		浮石基质		火山石基质	
	根系	叶片	根系	叶片	根系	叶片
TN(mg/kg)	5390	11540	7640	9340	6100	12580
TP(mg/kg)	450	690	390	620	520	750

根据 McJannet 等(1995)对 41 个湿地植物组织中氮和磷浓度的研究,氮含量在干物质中为 2500~21400 mg/kg 不等,磷含量为 1300~10700 mg/kg。在本研究中,植物组织中的氮含量是正常的,而磷含量相对较低。这可能与雨水径流中磷

的类型有关,即雨水径流中能被植物直接吸收利用的磷比例较低。

4.2.5 营养滞留途径

如图 4.35 所示,在木片基质湿地中,氮主要通过微生物过程(反硝化作用)和物理过程吸附得以去除;而在浮石基质和火山石基质湿地中,植物吸收占据了主导地位。在木片基质湿地,植物生长状况较差,并且木片基质提供了更多的碳源,因此,反硝化作用在氮的去除中占据了主导地位。然而,在浮石基质和火山石基质湿地,植物生长状况良好,并且可用于反硝化作用的碳源不足,因此氮主要通过植物吸收而得以去除。

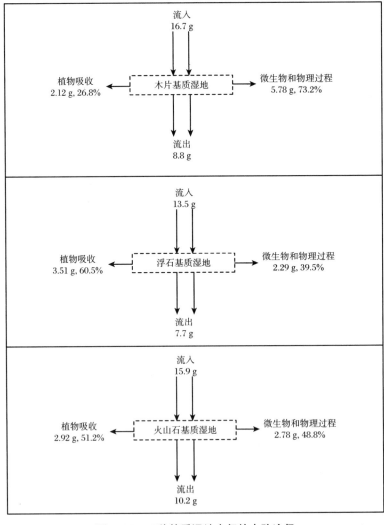

图 4.35 三种基质湿地中氮的去除途径

对于磷的去除来说,如图 4.36 所示,在木片湿地中,由于基质吸附能力非常低,磷的去除主要是通过植物吸收而不是微生物和物理的过程。而在浮石湿地和火山石湿地中,植物吸收、微生物和物理过程都起着重要的作用,其中,通过植物吸收去除磷的比例要稍高一些。在木片湿地中,植物生长状况相对较差,致使通过植物吸收除磷受到限制。在浮石基质湿地,因其具有较高的吸附能力,所以通过微生物作用和物理过程对磷的去除量要高于火山石湿地。

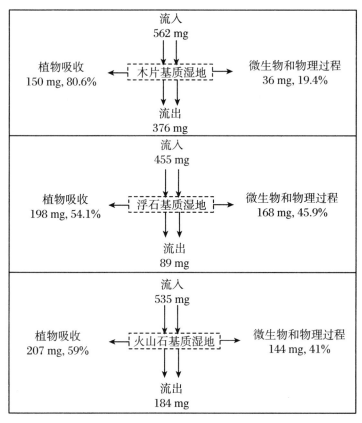

图 4.36 三种基质湿地中磷的去除途径

在 Meuleman 等(2003)的研究中发现,植物吸收作用对氮的去除率为 15%,对磷的去除率为 10%。而在本研究中,通过植物吸收作用对氮的去除,在木片湿地中为 13%,浮石湿地中为 26%,火山石湿地中为 18%;对于磷的去除来说,木片湿地为 27%,浮石湿地为 44%,火山石湿地为 39%。可以发现,除木片湿地中氮的去除外,通过植物吸收去除的营养物质要高于他们的研究结果,其原因可能在于雨水径流中氮磷营养物质的浓度相对较低。已有研究表明,湿地对营养物质的去除,在湿地进水浓度较低时,植物吸收作用所占比例较大,而在湿地进水浓度较高时,这一比例只占总体去除率中很小的一部分。

4.2.6 颗粒物质去除

1. 雨水径流中颗粒物质的粒径分布

图 4.37 显示了试验期间所调查降雨事件中雨水径流颗粒物质的分布情况。水平轴表示颗粒物质的粒径范围。箱体图对应于左侧的垂直轴,表示某一粒径分布区间内颗粒的数量或体积占比。连续的折线对应于右侧的坐标轴,表示颗粒物质的累积数量或体积的占比。由图可知,不同粒径范围内颗粒物质的数量波动很大。粒径较小的颗粒(直径小于 30 μm)在数量上总体占据了更大的比例,但在体积比例上的贡献相对较小。总体而言,雨水径流中颗粒物质以 0.52~30 μm 粒径范围为主,占到了数量比例的近 99%,以及体积比例的大约 45%。

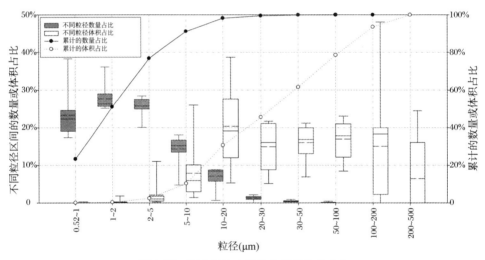

图 4.37 雨水径流中颗粒物质的粒径分布

2. 雨水径流沉淀前后以及湿地出水中粒径分布的变化

高速公路雨水径流中细小颗粒物的去除是一个重要的问题,因为粒径为小到中等的颗粒物质,是总悬浮固体和颗粒态污染物的主要贡献者。粒径小于 50 μm 的颗粒物质,占到了雨水径流中总悬浮物负荷的 70%~80%(Roger et al.,1998;Kayhanian et al.,2008a)。在总悬浮固体浓度低于 100 mg/L 时,小于 20 μm 的颗粒在质量分数上占到了径流样品的 50% 以上(Furumai et al.,2002)。在高速公路雨水径流中,最细小的颗粒物具有最高的污染物浓度,特别是金属(Sansalone et al.,1997;Kayhanian et al.,2011)。大部分颗粒态的磷和氮吸附在直径为 11~150 μm 的颗粒上,其中,30%~60% 的颗粒态氮和 30%~50% 的颗粒态磷与粒径小于 20 μm 的颗粒相关(Vaze et al.,2004)。

在试验期间,对雨水径流和湿地床进水、出水中颗粒物质的粒度分布进行了监

测。以降雨事件 E1、E3、E9、E14、E20 和 E28 为例,分析粒度分布特征。图 4.38
至图 4.43 展示了这些运行试验事件中颗粒物质的数量分布特征。可以看出,沉降

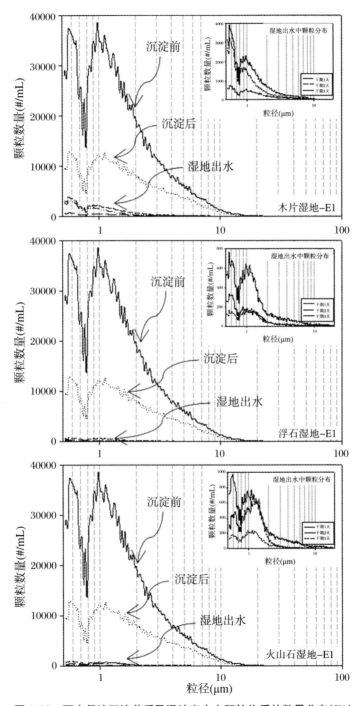

图 4.38　雨水径流沉淀前后及湿地出水中颗粒物质的数量分布(E1)

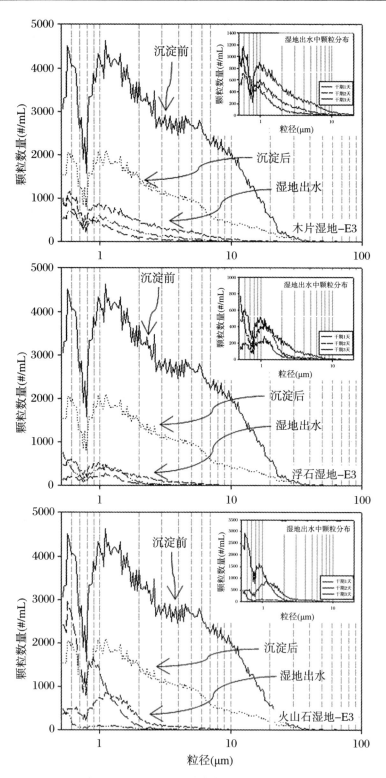

图 4.39   雨水径流沉淀前后及湿地出水中颗粒物质的数量分布(E3)

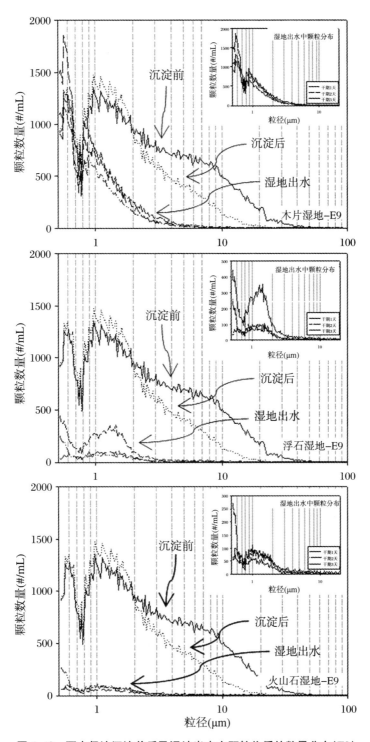

图 4.40 雨水径流沉淀前后及湿地出水中颗粒物质的数量分布(E9)

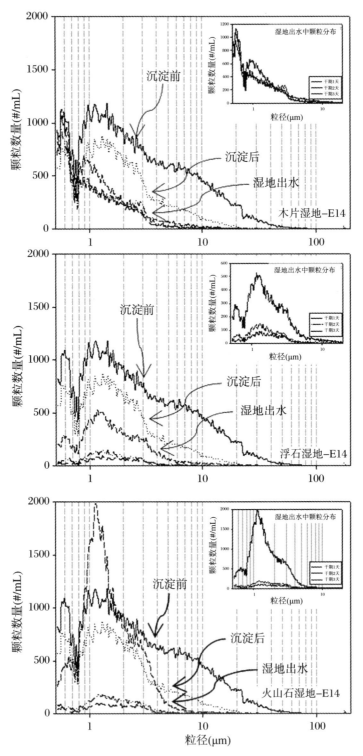

图 4.41　雨水径流沉淀前后及湿地出水中颗粒物质的数量分布(E14)

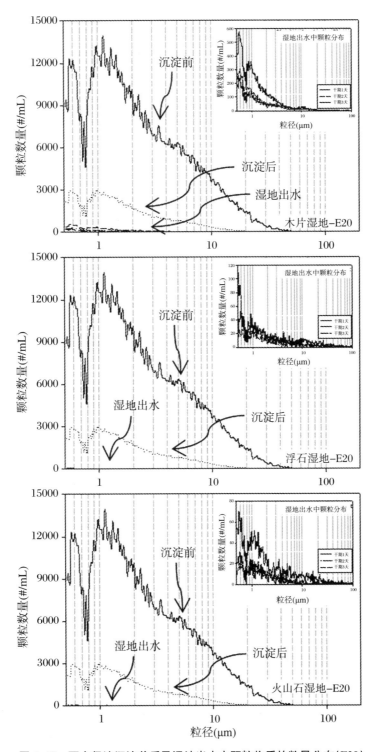

图 4.42 雨水径流沉淀前后及湿地出水中颗粒物质的数量分布(E20)

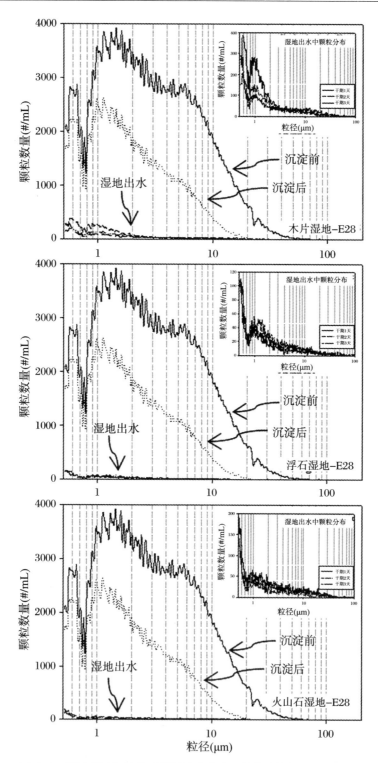

图 4.43　雨水径流沉淀前后及湿地出水中颗粒物质的数量分布(E28)

后的雨水径流中绝大多数颗粒物的粒径都低于 20 μm。在湿地出水中,颗粒物质的粒径甚至在 10 μm 以下。

一般来说,除 E9 和 E14 因本底浓度较低外,雨水径流中的颗粒浓度因沉淀过程而大大降低。其后,通过湿地床的过滤,颗粒浓度进一步降低。同时,随着模拟干期的增加,一般来说,湿地出水中的颗粒物质浓度还能进一步下降。

3. 沉淀池中颗粒的去除

图 4.44 显示了沉淀池中对应于不同粒径范围的颗粒物质的去除率。大于 30 μm 的颗粒,因其在数量上的贡献很小,没有计算在内。由图 4.44 可知,颗粒物的去除率随着粒径尺寸的增大而增加。在粒径范围为 10～30 μm 时,超过 80% 的颗粒物可以经重力沉淀而去除,而当粒径小于 1 μm 时,通过沉淀作用则仅能去除掉约 40% 的颗粒物。这是因为,在雨水径流中,较大的颗粒比较小的颗粒具有更快的沉降速度。对于粒径小于 1 μm 的微粒,它的去除机理不是单个颗粒的重力沉降,而是与颗粒之间静电作用相关的扩散、凝聚和聚沉作用,因此去除率相对较低。基于斯托克斯定律的试验显示:在 15 ℃ 的环境温度下,一个 1 m 高的柱筒中,密度为 2.65 g/cm³ 的粗糙的黏土颗粒,至少需要 88 h 才能达到完全沉降(Braskerud, 2003)。因此,本研究中 24 h 的沉降时间,不足以使微小的颗粒充分沉降。

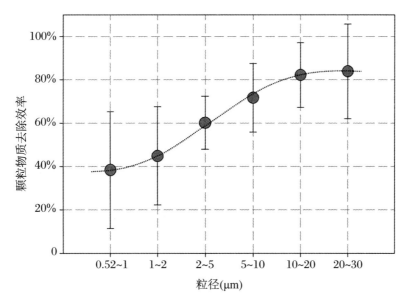

图 4.44 沉淀池中颗粒物的去除率

4. 湿地床对颗粒的去除

图 4.45 显示了垂直流湿地床对不同粒径范围颗粒物质的去除率。一般来说,浮石基质湿地对颗粒物的截留率最高,在所有粒径范围都超过了 90%。其原因在于,基质材料较小的粒径产生了相对较小的孔隙,同时材料本身具有较高的吸附能

力,二者都有利于颗粒物的拦截和滞留(Chen et al.,2012)。然而,在木片和火山石基质湿地中,颗粒物的去除率较低,特别是对于粒径小于 1 μm 的微粒。可能的原因在于,一是基质材料粒径较大,所产生的孔隙也较大,因此颗粒物更容易穿过孔隙而流出,二是基质材料自身的吸附能力较低。另外,可生物降解的木片和易碎的火山石,也有可能因破碎而释放出颗粒物质。

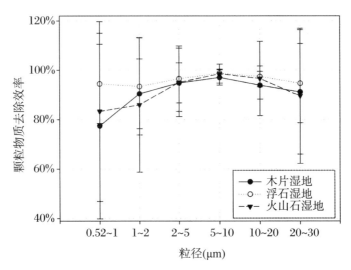

图 4.45　湿地床对颗粒物的去除率

　　图 4.46 显示了循环处理对不同湿地床在颗粒物数量方面去除的影响。为了便于解释循环处理对颗粒截留的影响,使用模拟干期代替循环频率。对于木片基质湿地,随着模拟干期的增加,颗粒截留率增强,特别是在前两个处理日。其后,这种影响变得不再明显,这意味着在颗粒去除方面,可能不需要更长的模拟干期。在浮石基质湿地中,不同模拟干期情况下,颗粒的去除率相似。原因在于,超过 90%的颗粒在第一个处理日时即被湿地基质所捕获,因此,很难再通过模拟干期的增加来进一步对颗粒物进行去除。在火山石基质湿地中,除了小粒径的颗粒外,也观察到了类似浮石基质湿地的现象。对于0.51~2 μm 粒径范围的颗粒物,火山石湿地的捕获效率要差于浮石湿地。这可能与火山石表面粗糙且易碎的性质相关,在湿地的组装过程中,基质材料因搬运、装填而产生破碎,产生的碎屑在随后的试验运行中被冲出,从而降低了细微颗粒的去除率。

5. 颗粒物在湿地床内的积累

　　假设每个颗粒的几何形状均为球形,则可通过对颗粒的体积进行求和,来估计湿地床所捕获颗粒的总体积。表 4.12 显示了试验期间湿地床内颗粒物以体积计的积累情况。浮石基质湿地中颗粒物的积累量最多,为 1.57 L,其次是木片基质和火山石基质湿地,分别为 1.18 L 和 0.51 L。颗粒总体积分别占到了湿地基质内孔隙总容积的 1.15%、0.74% 和 0.32%,总体上所占比例较低,原因在于前处理池已

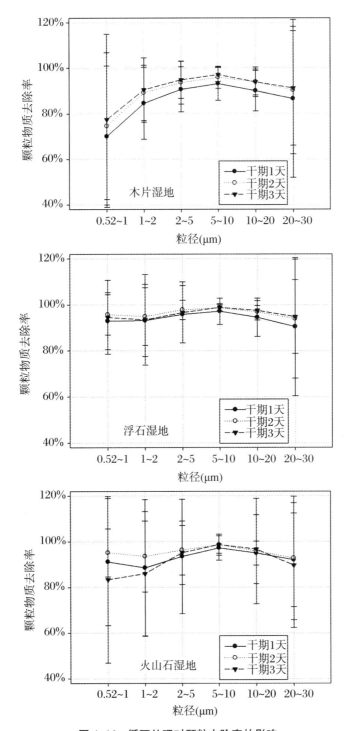

图 4.46　循环处理对颗粒去除率的影响

通过沉淀去除了部分颗粒物,同时湿地基质也具有比较高的孔隙率。然而,基质的堵塞会随时间的推移而发生变化,因此需要更多的试验数据来进行持续的评估。除了悬浮固体的积累,生物膜的附着生长、植物根的发育以及来自破碎基质的碎屑也会影响湿地堵塞过程(Knowles et al.,2011;Pedescoll et al.,2009)。

表 4.12 颗粒物质在湿地床内的积累

基质类型	$V_{基质}$(L)	$V_{孔隙}$(L)	$V_{颗粒物}$(L)	$P_{颗粒物}$
木片	247	158.4	1.18	0.74%
浮石	247	136.1	1.57	1.15%
火山石	247	160.8	0.51	0.32%

注:$V_{基质}$表示基质体积;$V_{孔隙}$表示基质中孔隙的体积;$V_{颗粒物}$表示被捕获颗粒物的体积;$P_{颗粒物}=V_{颗粒物}/V_{孔隙}$。

6. 颗粒物粒径分布随时间的变化

在水处理中常用的判断颗粒分布的一个衡量指标是中粒径(d_{50})。图 4.47 显示了 d_{50} 随试验运行时间的变化,用于反映颗粒物在雨水径流沉淀前后及湿地出水中的分布范围。如果大颗粒的捕集效率高,且小颗粒的捕集效率低,则出水中 d_{50} 就会变低。木片湿地出水中的 d_{50} 较低,为 0.81~1.11 μm,而浮石和火山石基质湿地的 d_{50} 分别为 0.90~1.56 μm 和 0.74~1.62 μm。

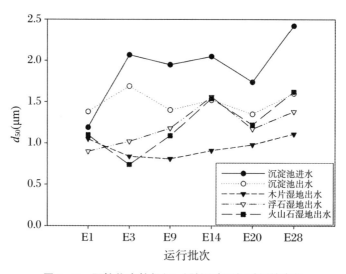

图 4.47 颗粒物中粒径(d_{50})随湿地运行时间的变化

此外,无关湿地基质类型,随着试验运行时间的增加,湿地出水中 d_{50} 总体上都表现出了增加的趋势。这与雨水径流沉降前后的趋势相一致,意味着湿地出水中 d_{50} 的变化主要与湿地进水的粒度分布有关。以上结果也表明,湿地在运行中并未发生明显的堵塞现象。否则,堵塞物质的逐渐积累会使基质间孔隙尺寸变窄,理论

上出水中的 d_{50} 将会逐渐变小。

4.2.7 湿地堵塞发展

1. 堵塞现象

影响垂直流湿地运行的一个主要问题是有机或无机的颗粒物质带来的堵塞,它导致有效孔隙容积变小,从而缩短湿地的运行寿命。基质堵塞是一个随运行时间变化而发展的过程,堵塞的发展最终会通过湿地内的水位变化或表面出现积水而反映出来。

影响湿地水位变化的因素包括植物蒸腾作用、蒸发、每日的水样采集和降雨补充等。图 4.48 显示了三个湿地中水位随运行时间的变化。在某些时期,特别是在初始运行的 10～30 天内,湿地内水位下降明显,主要是由植物蒸腾作用和蒸发过程引起的。在这段时期,由于长时间干旱,因此没有收集新的雨水对湿地进行替代更新。相比之下,在某些时期,水位突然升高则是由降雨所致的,雨水在湿地中积累,使水位升高。除此之外,在整个试验运行期间,湿地水位保持稳定,并且在湿地表面没有观察到积水现象。这两种情况都说明湿地在运行中没有产生明显的堵塞。

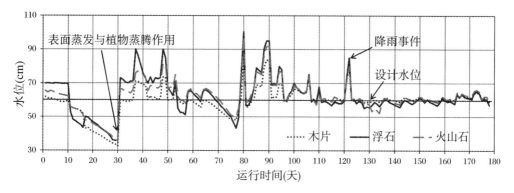

图 4.48 湿地运行水位随时间的变化

湿地堵塞是一个复杂的过程,并且对这一过程的认识还不十分清楚。当前,附着生物膜和颗粒物在湿地基质孔隙内的积累,被认为是与堵塞有关的主要因素之一。为掌握湿地内堵塞物质的积累情况,在试验结束时,通过清洗将堵塞物质从基质中冲出,进行体积的测量,如图 4.49 所示。

表 4.13 显示了各湿地中堵塞物质的积累情况。由于基质孔隙率存在差异,因此基质的孔隙容积范围为 136.1～160.8 L。另外,经计算,木片、浮石和火山石基质湿地中堵塞物质的体积分别为 18.8 L、5.1 L 和 2.3 L,木片湿地积累的堵塞物质最多。但这并不意味着它从沉淀后的雨水径流中捕获了更多的颗粒物质,因为

图 4.49　试验结束时基质堵塞物质的收集

表 4.13　不同基质湿地堵塞物质的积累情况

基质类型	基质层体积 (L)	孔隙率	孔隙容积 (L)	积累的堵塞物质(L)	占用孔隙容积比
木片	247.4	64%	158.4	18.8	11.9%
浮石	247.4	55%	136.1	5.1	3.8%
火山石	247.4	65%	160.8	2.3	1.4%

　　这些湿地接收的进水的来源相同,木片和火山石湿地的总进水量近似;并且,木片湿地出水的总悬浮物浓度一般来说都高于火山石基质湿地。这些现象显然表明木片湿地中积累的堵塞物质,并不完全是来自湿地进水,而是跟基质材料本身有关。这可以用木片的特性来解释,它是一种可降解的有机材料,在生物降解过程中产生

的碎屑是堵塞物质的主要来源。

基于这些数据,计算了堵塞物质占据基质孔隙容积的比例。木片湿地最高,为11.9%,其次是浮石和火山石湿地,这意味着木片基质湿地最先出现堵塞的可能性为最大。

2. 堵塞物质的分布

堵塞物质在基质内的分布,对于堵塞过程的发展也起着重要的作用。掌握堵塞物质随基质深度的变化,可以了解湿地堵塞的发展程度。通常来说,堵塞物质在基质层内的分散式分布,比单纯地在表层积累更有利于延迟堵塞的发生。在试验结束时,分层测量了堵塞物质的分布,结果如图 4.50 所示。

木片湿地无论在质量或体积上都表现出显著的 S 形分布,这表明在基质顶层和底层积累了更多的堵塞物质,见图 4.50(a)。然而,在其他的研究中所出现的情况并非如此,而是认为堵塞物质主要积聚在顶层(Zhao et al.,2009;Hua et al.,2010)。原因可能在于他们使用沙作为基质,而本研究所用的基质是木片。木片是一种有机材料,在潮湿的条件下会逐渐腐烂降解。因此,木片湿地中的堵塞物质主要是有机物。在这种情况下,顶层的堵塞物可能主要来自木片的降解和生物膜的生长,而底层的积累,则主要来自从浸泡在水中的木片上剥离脱落出来的碎屑。

对于浮石湿地和火山石湿地,也观察到了类似的趋势(图 4.50(b)和(c))。顶层的堵塞物质质量较轻,但体积较大,其密度低于下层,这可能是由上部的堵塞物质中有机物含量较高所致的。进水中的营养物质总是首先被顶层截留,加之表层良好的通风条件,促进了生物膜的生长。此外,底层堵塞物质的增加,则可能是由在取出基质过程中产生的碎屑堆积所致的。

3. 污染物的分布

为了解污染物在基质层内的积累情况,对清洗出来的堵塞物质中化学需氧量、总氮和总磷的含量进行了测量。图 4.51 显示了三个湿地中污染物的分布剖面。

对于木片湿地,化学需氧量、总氮和总磷的分布趋势相似,且与堵塞物质的分布相一致。如前所述,来源于木片的碎屑是堵塞物质的主要成分。因此,污染物的质量分布随着堵塞物质分布的变化而变化。

在浮石湿地中,污染物包括有机物、总氮和总磷,主要分布在基质表层。原因与上小节中提到的堵塞物质的积累规律相关,即颗粒物和生物膜优先在基质的表层积累,因此表层的污染物浓度相对较高。相对而言,基质下层的污染物含量较低,原因在于积累的堵塞物质主要为固体颗粒物,而这些无机的成分缺乏有机物和营养。

火山石基质湿地中,有机物和总氮的分布也呈现出与浮石基质湿地相似的趋势。然而,总磷的分布却表现出明显的不同。总磷含量明显高于木片和浮石湿地,并且随着积累的堵塞物质的增加而增加。正如在本研究第一阶段柱状湿地试验中所得到的结果,产生这种现象的原因,在于火山石材料本身能够释放磷。

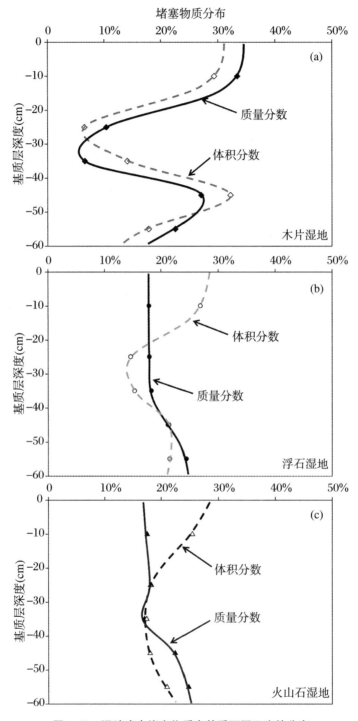

图 4.50　湿地床内堵塞物质在基质不同深度的分布

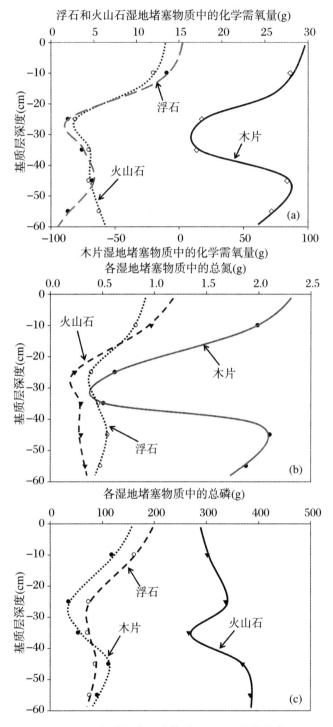

图 4.51 污染物在湿地基质层不同深度的分布

4.2.8 沉积物质

通过重力沉淀去除的沉积物能够吸附大量的污染物质,包括一些有毒污染物。表 4.14 列出了前处理沉淀池中沉积物的特征。

表 4.14 前处理沉淀池中沉积物的特征

前处理沉淀池	沉积物体积(L)	TSS(g)	VSS	TCOD (g/kg)	TN(g/kg)	TP(g/kg)
木片湿地	10.0	1805	24.8	270.4	10.44	1.90
浮石湿地	12.1	2000	27.2	304.9	11.54	1.87
火山石湿地	10.4	1848	24.1	278.0	10.06	1.70

在试验运行期间,每个沉淀池的累计进水量是 336 L,积累的沉积物的平均体积为 10.83 L。由此可粗略地估计出,以体积计,可沉降颗粒物在雨水径流中的占比约为 3.2%。此外,沉积物在沉淀池中的平均积累速率为 1.39 mm/天。因此,沉淀池有足够的空间长期用于雨水径流的预处理,而不需要对沉积物质进行不断清理。但从另一方面也说明,沉淀池的设计容积有些偏大。

如表所示,约 25% 的总悬浮物是挥发性的。这些挥发性物质主要来自道路铺设材料和汽车尾气中的有机物。在本研究中,总化学需氧量与挥发性悬浮物(VSS)的比值为 1.13。沉积物中氮的营养含量在 10.06~11.54 g/kg 之间,而磷的含量在 1.70~1.90 g/kg 之间。沉积物中营养物质的含量,与颗粒物的吸附性能有关。氮含量与 VSS 的相关性良好($R^2 = 0.999$),表明有机氮可能是氮的主要形式。

对沉积物中积累的重金属的含量进行了实验分析,如表 4.15 所示。

表 4.15 沉积物中重金属的积累 (单位:$\mu g/g$)

前处理沉淀池	铬	镍	铜	锌	镉	铅
木片湿地	6.36	6.88	6.55	12.19	4.93	4.09
浮石湿地	4.68	5.03	4.95	8.98	3.73	3.10
火山石湿地	5.89	6.32	6.07	10.65	4.67	3.95

由上表可知,铬、镍、铜、锌和铅的含量不高。然而,从基于单位质量重金属所产生毒性强弱的角度考虑,沉积物中积累了大量的镉。众所周知,镉在环境中毒性很大,因此沉积物中积累的重金属应得到更多的关注。

4.2.9　重金属去除

　　试验期间,开展了重金属监测,采集样本为 12 次降雨事件。图 4.52 显示了雨水径流沉淀前后和湿地床出水中重金属的浓度变化。一般来说,雨水径流中重金属的浓度波动很大。尤其在前两次降雨事件中,重金属含量明显地高,这可能是由干期天数较长(约为 20 天),道路上积累了更多的沉积物所致的;对比来说,后续降雨事件中重金属的浓度变得相对稳定。沉淀后雨水和湿地出水中重金属的浓度,与雨水径流中重金属含量表现出了明显的相关性。

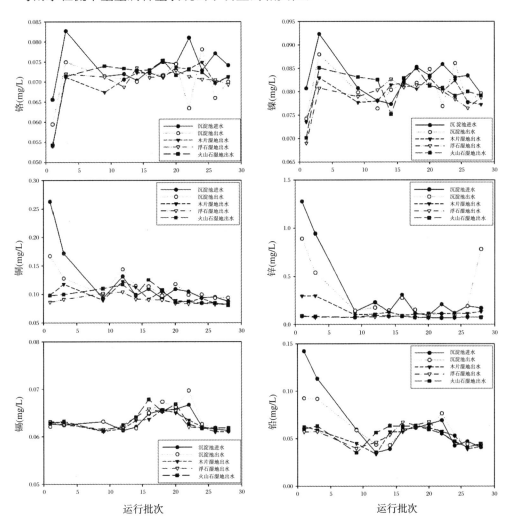

图 4.52　雨水径流沉淀前后和湿地出水中重金属浓度随时间的变化

　　表 4.16 列出了雨水径流沉淀前后和湿地出水中重金属的平均浓度,包括铬、

镍、铜、锌、镉和铅。雨水径流中含量最高的是锌和铜,分别为 0.3274 mg/L 和 0.1209 mg/L;其次是镍、铬、铅和镉。这些数值与被重金属严重污染的城市水体相比是相当低的,例如,在城市水体中的铜和铅的浓度分别能达到 1.30 mg/L 和 0.99 mg/L(Kadlec et al.,2009;Cooper et al.,1996;Scholz,2003)。从表中数据还可看出,除锌外,其他重金属元素在雨水径流沉淀前后和湿地出水中的含量差异不大。

表 4.16　雨水径流沉淀前后和湿地出水中重金属的浓度　　（单位:mg/L）

样品	铬	镍	铜	锌	镉	铅
雨水径流沉淀前	* 0.0742 ± 0.0046	0.0827 ± 0.0040	0.1209 ± 0.0505	0.3274 ± 0.3791	0.0633 ± 0.0019	0.0647 ± 0.0320
雨水径流沉淀后	0.0702 ± 0.0051	0.0807 ± 0.0041	0.1142 ± 0.0228	0.3002 ± 0.2792	0.0638 ± 0.0027	0.0609 ± 0.0178
木片湿地	0.0702 ± 0.0054	0.0797 ± 0.0029	0.0978 ± 0.0135	0.1431 ± 0.0724	0.0629 ± 0.0015	0.0526 ± 0.0101
浮石湿地	0.0697 ± 0.0051	0.0791 ± 0.0036	0.0894 ± 0.0072	0.0757 ± 0.0063	0.0631 ± 0.0016	0.0534 ± 0.0099
火山石湿地	0.0710 ± 0.0055	0.0804 ± 0.0042	0.0984 ± 0.0143	0.0791 ± 0.0087	0.0635 ± 0.0021	0.0544 ± 0.0099

注:* 0.0742±0.0046,均值±标准偏差。

图 4.53 使用平均浓度和标准偏差展示了雨水径流沉淀前后和不同干期湿地出水中重金属含量的变化。

溶解态的锌在木片、浮石和火山石湿地中被分别去除了 52.3%、74.8% 和 73.7%。铜的去除率,在浮石湿地中为 21.7%,在木片和火山石湿地中分别为 14.3% 和 13.8%。铅在三个湿地中的去除率没有显示出明显的差异性,分布在 10.6%~13.6%。对于其他元素,湿地没有显示出明显的去除率,原因可能在于进水中的浓度较低。

浮石湿地中,循环处理显著提高了铜的去除率,从 7.5% 提高到 21.7%,但对其他污染物的去除没有明显的影响。在木片湿地中,循环处理促进了镉和铅的去除,但是对铜和锌没有影响。而对于火山石基质湿地来说,循环处理对于重金属的去除性能没有影响。

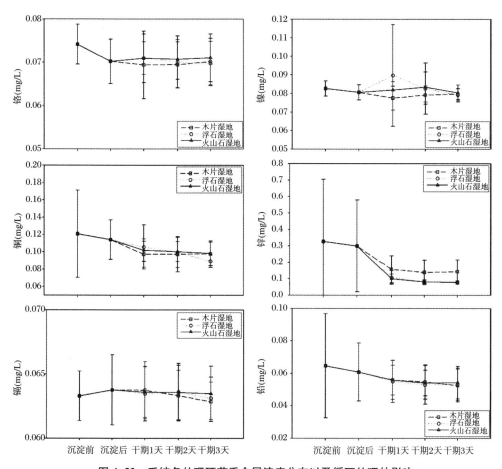

图 4.53　系统各处理环节重金属浓度分布以及循环处理的影响

4.2.10　能量需求

1. 每日能量消耗

湿地运行过程中,需要消耗能量的设备,包括蓄水池中的输水泵(将存储的雨水径流输入沉淀池)、沉淀池中的输水泵(将沉淀后的雨水径流输入湿地床),以及湿地床内的循环泵。

在试验期间,共监测了 28 次降雨事件,并将各约 120 L 的雨水径流分别泵入每个湿地进行分批处理。每批湿地进水对应的处理期为三天,日循环频率为四次,循环泵工作时间为 450 s。

试验结束时,电流表记录的单个湿地总的能量消耗为 8.4 kW·h,即每日平均能量消耗为 0.1 kW·h(图 4.54)。

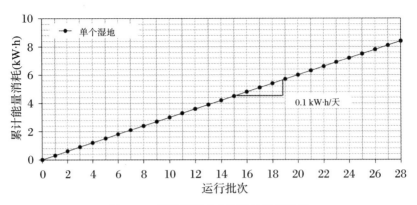

图4.54　试验期间单个湿地的能量消耗

2. 能量效率

与传统的污(废)水处理厂相比,人工湿地的运营成本通常较低。例如,Austin等(2009)调查了三种工程实践中湿地工艺的能量需求,包括曝气潜流湿地、潮汐流湿地和间歇式运行湿地,并将其与机械活性污泥处理系统进行了比较。结果表明,湿地系统运行的电力需求是活性污泥处理系统的0~56%。另一方面,废水处理厂或人工湿地的能量消耗取决于对出水的水质要求,如果将出水处理到饮用水标准,则能量成本将增加。

在能量效率方面,根据上一节得到的数据,可以计算出本研究中的能量效率为0.387 m³/(kW·h)(图4.55)。与先进的废水处理工艺相比,这样的能量效率并没有表现出明显的优势。例如,在日本,先进的废水处理工艺是高度能量密集的,能量效率为0.267~2.564 m³/(kW·h)(Mizuta et al.,2010);在澳大利亚,废水处理能量效率范围为0.095~4.348 m³/(kW·h)(Radcliffe,2004);在美国的亚利桑那州,废水处理能量效率范围为0.248~11.111 m³/(kW·h)(Hoover,2009)。本研究中处理单位立方米雨水径流的耗电量较高,原因在于对湿地出水采取了多次循环处理。

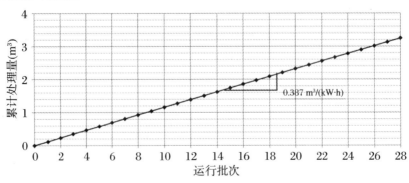

图4.55　基于体积的雨水径流处理能量成本

图 4.56 显示了雨水径流中总悬浮物去除的能量效率。在初始阶段,不同基质湿地都显示出了较高的能效,但随后在第 4 至第 16 处理批次的阶段下降,之后再次提高。试验中间阶段能量效率偏低的原因,在于进水中总悬浮物浓度较低,平均为13 mg/L。不同基质湿地之间相对比,可以看出,火山石基质湿地的能量效率较高,为 8.50 g/(kW·h),其次是浮石基质湿地和木片基质湿地,分别为 7.20 g/(kW·h)和 6.31 g/(kW·h)。

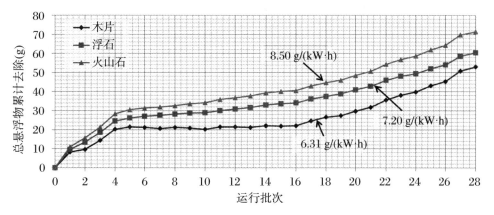

图 4.56　不同基质湿地去除总悬浮物的能量成本

图 4.57 显示了有机物去除的能量效率。浮石基质湿地和火山石基质湿地的能量成本相接近,分别为 11.7 g/(kW·h) 和 11.1 g/(kW·h)。然而,由于木片基质自身释放有机物质,使其处理有机物的能量效率为负值,即 −22.7 g/(kW·h)。有机物的累计去除率在试验的前半阶段迅速下降,而在后半阶段趋于稳定,表明有机物的释放主要发生在试验初期。

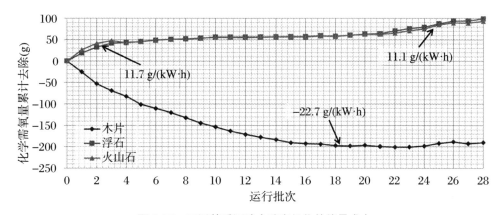

图 4.57　不同基质湿地去除有机物的能量成本

图 4.58 展示了总氮去除的能量效率,可以看出,木片基质湿地的去除率最高,为 0.94 g/(kW·h),其次是浮石和火山石湿地,分别为 0.69 g/(kW·h)

和 0.68 g/(kW·h)。

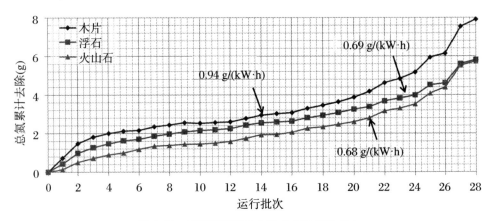

图 4.58　不同基质湿地去除总氮的能量成本

　　然而,木片基质湿地中总磷去除的能量效率较低,其值为 0.22 g/(kW·h),见图 4.59,原因在于基质材料在释放有机物的同时,也释放有机磷。在试验后期,随着有机物质释放量的逐渐减少,污染物去除的能量效率得以提高。在另外两个湿地中,浮石基质湿地去除总磷的能量效率为 0.44 g/(kW·h),火山石湿地为 0.42 g/(kW·h)。

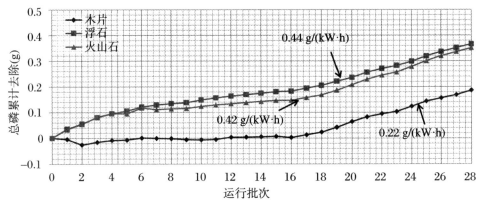

图 4.59　不同基质湿地去除总磷的能量成本

第5章 原位试验

5.1 初期雨水径流收集模拟

5.1.1 模拟收集装置的设计

在本书的第3章和第4章,主要介绍了城市公路初期雨水径流处理的小试试验和中试试验,分析了初期雨水径流中悬浮物质和浊度在重力沉降作用下的消减率,以及基质材料类型对垂直流湿地床运行性能的影响。然而,径流处理系统能够发挥净化功能的前提,首先是能够把初期雨水径流进行收集,并进行初步的沉淀以去除颗粒物质,从而防止其对湿地床基质的堵塞。

考虑到后期运行时维护和管理的方便性,本研究设计了一种能够自动收集初期雨水径流的装置,同时兼具前处理沉淀池的功能。该收集装置的结构如图5.1

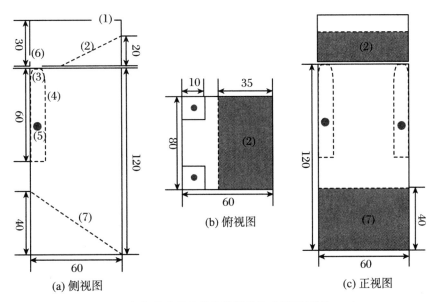

(a) 侧视图   (b) 俯视图   (c) 正视图

图 5.1 初期雨水径流收集装置结构示意图(单位:cm)

所示,主要由上部的进水室和下部的径流收集室(沉淀池)所组成。以图 5.1(a)为例,收集装置的主要构件包括:① 径流入口;② 导流板;③ 径流收集室入口;④ 球阀室(多孔);⑤ 浮球(球阀);⑥ 溢流孔;⑦ 导泥板。其中,径流收集室入口的直径为 5.4 cm,浮球直径为 15.2 cm,溢流口的孔径为 2.5 cm。

该收集装置的工作原理为:首先,径流通过收集管道经由入口①被导入进水室;其后,经由导流板②的消能和引流,进水被汇流至径流收集室入口③,并落入下方的收集室,当进水流速较大时,部分来水可能会因不能及时流入下部收集室,而直接经由溢流出口⑥排出;随着收集室内水位的逐渐上升,浮球⑤在水的浮力作用下,被逐渐向上顶托,直至最终封闭进水口③,完成径流的收集;之后,后期径流经由溢流孔⑥直接排出;从被收集径流中沉淀下来的物质,经由导泥板⑦引导至排泥口汇聚,并定期集中排出。

为探讨该装置运行的可行性,以及不同流速下径流的收集效率,本研究开展了径流收集的室内模拟试验。实验系统由一个配水箱、水泵和上述径流收集装置所组成,箱体采用亚克力板材制作,如图 5.2 和图 5.3 所示。收集装置的总高度为 1.5 m,长度为 0.8 m,宽度为 0.6 m,下部的径流收集室的有效容积为 350 L。

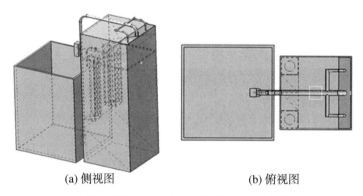

(a) 侧视图   (b) 俯视图

图 5.2　初期雨水径流收集模拟装置的总体结构

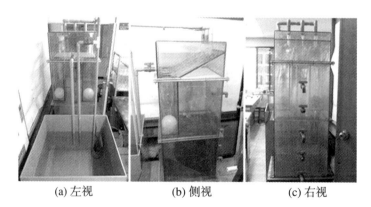

(a) 左视   (b) 侧视   (c) 右视

图 5.3　径流收集室内模拟系统实体

径流收集装置的关键结构组分之一,是两个球阀室内的浮球。在初期雨水径流收集过程中,球阀被用来关闭收集室入口,从而在完成初期径流的收集后,能够阻止后期径流的进入,其工作原理如图 5.4 所示。

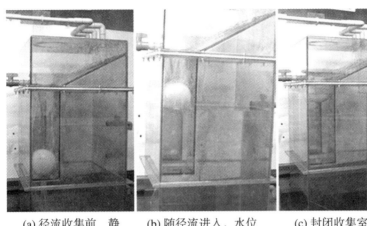

(a) 径流收集前,静置于球阀室底部　　(b) 随径流进入,水位上升,球体上浮　　(c) 封闭收集室入口,完成径流收集

图 5.4　球阀工作原理

5.1.2　径流收集模拟试验

径流收集模拟试验在室内进行,试验用水采用人工配水,使用从公路桥面收集的沉积物和自来水,其悬浮固体含量为 261 mg/L 左右,作为模拟的雨水径流。

首先进行径流收集装置的来水流速调节测试,如图 5.3(a)所示,通过调节上方阀门的开合程度,控制进入收集装置的进水流速。表 5.1 显示了阀门在不同程度的启闭情况下,泵入收集装置的进水流速。

表 5.1　径流收集装置的进水流速调节测试

阀门状态	进水体积(L)	进水时长(s)	进水流速(L/s)
100%开启	250	484	0.517
75%开启	251	367	0.684
50%开启	250	253	0.988
关闭	252	209	1.206

分别以进水流速 0.517 L/s、0.684 L/s 和 1.206 L/s 开展径流收集实验,如表 5.2 所示,对应不同的进水流速,收集装置对径流的收集效率分别为 94.3%、89.1% 和 77.3%。由此可知,在进水流速较低时,该装置有着非常高效的初期径流收集能力。然而,随着进水流速的增加,径流收集效率逐渐降低,并基本呈现匀

速下降趋势,见图5.5。其原因在于,随着进水流速的增加,水流在收集室进水口附近汇聚,导致部分来水不能及时向下流入收集室,而从溢流孔排出,造成收集效率的下降。因此,在实际应用过程中,在汇水面积一定的情况下,随着降雨强度的增加,径流将快速产生并汇集,从而容易造成部分初期雨水径流经由溢流排出,使装置的收集效率降低。

表 5.2　不同进水流速下的径流收集与溢流情况

进水流速 (L/s)	进水总量(L)	进水时长(s)	收集量(L)	溢流量(L)	收集效率
0.517	346.9	671	327	19.9	94.3%
0.684	369.4	540	329	40.4	89.1%
1.206	430.5	357	333	97.5	77.3%

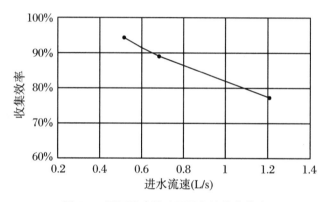

图 5.5　不同进水流速下的径流收集效率

5.2　工程应用实践

本研究的总体目标是开发一种能够应用于城区不透水地面初期雨水径流处理的垂直潜流湿地。

5.2.1　原位试验设计

测试平台为长方体结构,包括一个前处理池和一个垂直流湿地床,如图5.6所示。前处理池的功能,一是收集初期雨水径流,二是对收集的雨水径流进行预沉淀处理。垂直流湿地床的功能,主要是对细微颗粒物和溶解性污染物进行深度处理,同时它也安装了一个循环装置,可以将湿地床的出水再次泵入湿地床表面,进行多次的循环过滤。如图 5.6 所示,测试平台的具体结构包括:① 球阀;② 水泵,将沉淀后的雨水径流泵入湿地床;③ 布水管,将来水均匀地布洒至湿地床表面;④ 集水管,收集经湿地基质渗透过滤的水;⑤ 循环泵室及循环泵;⑥ 溢流孔;⑦ 沉淀后径流的取样孔,也即湿地床进水的取样孔;⑧ 沉积物排放口;⑨ 湿地床水位控制;⑩ 排水孔,也为湿地床出水的取样孔。

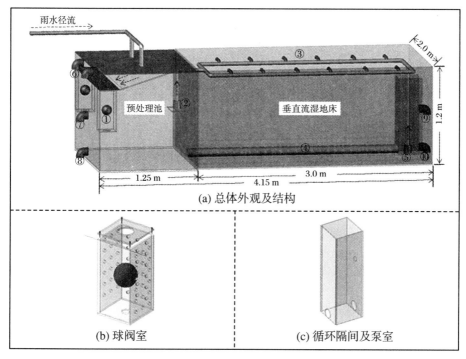

图 5.6 试验平台结构示意图

试验平台的总尺寸为 4.25 m×2.0 m×1.2 m(长×宽×高),其中预处理池和湿地床的长度分别为 1.25 m 和 3.0 m。试验平台的总容积为 10.2 m³,表面积为 8.5 m²;其中,预处理池的总容积为 3 m³,有效容积为 1.25 m³;垂直流湿地床的容积为 7.2 m³,基质体积为 5.52 m³。湿地床的水位设置,与小试和中试实验保持一致,即维持在主要基质的中间位置,将湿地床等分为一个饱和与一个非饱和区域。基质孔隙率按 50%计算,则湿地床的最大处理能力为 1.25 m³。

试验平台的处理对象为收集和处理面积为 500 m² 的沥青路面降雨初期 5mm深的径流量。试验平台占地面积与处理面积的比值为 1.7%。以径流系数 0.9 计算,当降雨量小于 5.6 mm 时,产生的所有径流都将被前处理池所收集。而当有较大降雨发生时,除初期 5.6 mm 降水之后产生的径流,都将通过前处理池的溢流孔自动排放至周围环境中。

5.2.2　基质材料组合

　　基于小试试验和中试试验的研究结果可知,木质材料的使用可以为反硝化作用提供碳源,从而促进总氮去除的提升。然而,木质材料的降解也会产生碎屑和有机磷,从而使湿地床对悬浮物和磷的去除效果较差,特别是在试验运行的初始阶段。对于浮石材料来说,因它具有较好的吸附能力和较小的基质间孔隙,从而产生了良好的过滤性能和磷滞留能力。综合考虑以上两种基质材料的优点,在试验平台的构建中,选择对木片和浮石进行组合使用。同时,由于木片材料具有更低的价格和单位体积质量,为了减少湿地建设过程中基质材料部分的成本,以及减轻基质层对测试平台基底的压力,可以尽可能多地使用木片作为主体基质材料。另外,在未来湿地基质材料达到使用寿命时,木片这种来自于自然界的材料,处置起来也更为方便。

　　图5.7展示了湿地床所用基质材料的类型、厚度及所处位置,从下至上,分别为大卵石(0.1 m)、中卵石(0.1 m)、浮石(0.15 m)、松木片(0.45 m)、中卵石(0.05 m)和小卵石(0.05 m)。木片层与浮石层的厚度比为3∶1,在湿地床下部的饱和层,它们的厚度比为1∶1。这样的基质组合具有几个方面的好处。首先,使用较高比例的木片,除了可以降低湿地的材料成本和底部承载外,在长期的运行过程下,还可以持续地供应碳源。其次,浸没在湿地饱和层中的木片数量,仅占到其总体积的三分之一,从而避免了木片中有机物质在短时间内的过量释放,进而减少湿地出水中有机质和悬浮物的数量。再者,浮石层置于底部,可以通过过滤和吸附作用,捕获从上层基质中逃脱或从木片中释放出来的颗粒物质和磷。此外,不同粒径的卵石被用作辅助材料,分别放置在湿地表层和底层,还可以起到均匀地分布进水和快速地疏排湿地出水的作用。

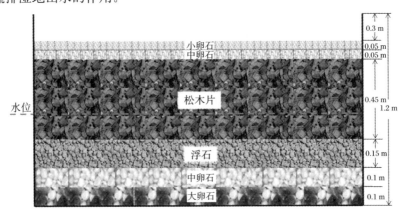

图5.7　基质材料层的结构设置

基质层使用的松木片、浮石和卵石等，与前期小试和中试试验中使用的材料为同一来源，其粒径、孔隙率、密度等均相同。

5.2.3 试验平台安装

测试平台的主体框架由钢筋混凝土浇筑而成，厚度为 15 cm，其强度足以支撑内部的基质材料和材料孔隙中容纳的水，平台的外壁使用木制板材进行装饰，以起到美观和隔热的作用。图 5.8 至图 5.12 分别展示了测试平台主体结构的建造和基质材料的充填过程。

图 5.8 基底施工

图 5.9 壁体浇筑

图 5.10　外壁装饰与管道布置

图 5.11　装填基质材料

图 5.12　设置布水系统

5.2.4　植物移栽

　　使用菖蒲作为湿地植物,种植时间为 3 月。菖蒲购置于苗圃,种植方法与前期试验相类似,即将植物根部插入至木片基质和上部中卵石接触的界面,而不直接使用土壤,如图 5.13 所示。种植密度为 50 株/m²,网格状均匀种植。移栽完成的第一周,每天以相等的时间间隔泵水四次,以保证植物接触到足够的水分,保证移栽的成功。

图 5.13　湿地植物移栽

5.2.5　调试与运行

与前期试验类似,测试平台采用批处理的方式运行。初期雨水径流被前处理池收集,并经过 24 h 的沉淀后,由供水泵及布水管道将其输送至湿地床,单次处理体积为 1250 L,进水在湿地床内的行进速率与前期试验相同。

进水被布水系统均匀地喷洒到湿地床表面,向下逐渐渗透穿过基质层,最终滞留在湿地床的下部区域。为了提升对污染物的处理性能,同时充分利用两次降雨事件之间的干期,使用循环泵将湿地床中的积水再次泵入布水系统,进行多次的循环过滤,循环频率为一天两次,分别在早晨的 5 点和下午的 5 点进行。进行再循环处理的水的流速与湿地床进水的流速相同。

湿地床的基本处理周期为 3 天,每天下午 5 点,当循环泵工作时,对湿地出水进行水样采集。

当 3 天的处理结束时,如果没有新的降雨发生,则不进行湿地床的排水,用于维持植物的生长,同时观察更长处理时间情况下,污染物的去除率。完成 3 天的基本处理周期后,之后的取样频率调整为两天一次。

5.2.6　水质分析

测试平台运行过程中,所监测的水质参数包括水温、pH、EC、DO、TSS、COD、BOD、TN、TKN、NH_4^+-N、NO_3^--N、TP、PO_4^{3-}-P 等,所使用的监测仪器及分析方法参考中试试验。

初期雨水径流中污染物的浓度采用 EMC(Event Mean Concentration,事件平均浓度)计算。方法如下:

$$\mathrm{EMC} = \frac{M}{V} = \frac{\int_0^t c_t q_t \mathrm{d}t}{\int_0^t q_t \mathrm{d}t} \approx \frac{\sum_{t=1}^n c_t q_t \Delta_t}{\sum_{t=1}^n q_t \Delta_t}$$

式中,EMC:单次降雨事件初期雨水径流中某种污染物的平均浓度,单位为 mg/L;

　　M:单次降雨事件初期雨水径流中某种污染物的总质量,单位为 mg;

　　V:单次降雨事件初期雨水径流总量,单位为 L;

　　c_t:t 时段雨水径流中某种污染物的浓度,单位为 mg/L;

　　q_t:t 时段雨水径流的量,单位为 L;

　　n:单场降雨采样次数;

　　Δ_t:相邻两次采样的间隔时间,单位为 min。

预处理池中悬浮物沉淀率的计算,采用如下公式:

$$沉淀率(\%) = \frac{EMC - C_s}{EMC} \times 100\%$$

式中，C_s：初期雨水径流沉淀 24 小时后的污染物浓度，单位为 mg/L。

湿地床中污染物的去除率计算，使用如下公式：

$$去除率(\%) = \frac{C_s - C_{out}}{C_s} \times 100\%$$

式中，C_{out}：湿地床出水中污染物浓度，单位为 mg/L。

5.3　试　验　结　果

5.3.1　降雨径流过程

试验运行期间，共开展了 15 次的降雨径流监测，监测时间为 3 月至 10 月。图 5.14 显示了所监测 15 次降雨事件的发生时间和雨量分布情况，总体来看，降雨量分布在 1.4 mm 至 49.8 mm 之间，平均为 13.8 mm。其中，春季的降雨量相对减少，处于 1.4 mm 至 5.0 mm 之间，但是单次降雨事件持续的时间相对较长，这种情况会导致持续的产生小流量的地面径流，从而带来较高的污染物浓度。此外，单次降雨量小于 10.0 mm 的降雨事件占到了监测期间总降雨事件的大约 70%。

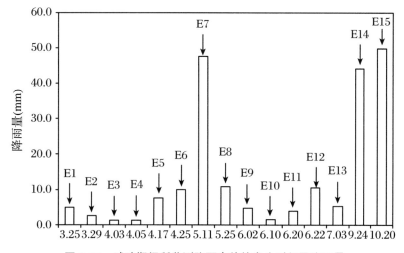

图 5.14　试验期间所监测降雨事件的发生时间及降雨量

图 5.15 显示了各降雨事件的时间径流过程，由图可知，归因于各降雨事件之间在降雨持续时长、降雨强度方面的差异性，各降雨事件的时间径流过程呈现了明

显的不同。一般来说,在春季多细雨,降雨强度小但持久,瞬时径流量的分布也相对平缓,并持续较长的时间(如 E1 至 E6);而夏季多暴雨,瞬时径流量的变化出现了明显的剧烈波动(如 E10 至 E15)。

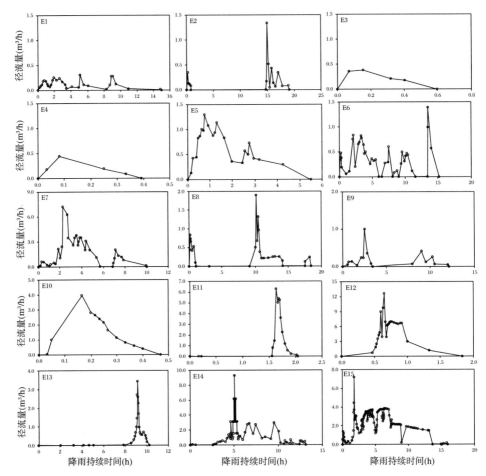

图 5.15   所监测降雨事件的时间流量过程

根据试验设施的设计方案,该处理设施仅用来收集和处理初期雨水径流。试验区域的汇水面积为 500 m²,设计初期降雨量为 4 mm,道路径流系数为 0.75,则前处理池的有效设计池容为 1.25 m³。也即是说,当单一降雨事件产生的径流总量小于或等于 1.25 m³ 时,产生的所有道路径流,都能够被前处理池所收集;而当单一降雨事件的径流总量大于 1.25 m³ 时,其超出的部分将经由溢流口排放到周边环境中。表 5.3 显示了试验期间处理设施的水平衡分析,由表可知,各降雨事件产生的地面径流量范围为 0.09～14.10 m³,经由溢流口排出的径流量范围为 0～12.85 m³。沉淀后的径流在湿地床内滞留期间,因停留时间和环境温度的不同,通过蒸发和植物蒸腾作用损失的水量范围为 0.001～0.145 m³。总体来说,在整个试验期间,大约共有28.5%的径流量被本设施所收集和储存,因此,从雨水径流量控制的角度来说,该设施的使用能够消减区域的雨水径流总量和径流峰值,从而减少雨水资源的流失,并减轻极端降雨条件下的雨涝灾害。

表 5.3　水平衡分析

降雨事件	径流量(m^3)	溢流量(m^3)	湿地蒸发(m^3)	湿地出水(m^3)
E1	1.25	0	0.163	1.087
E2	1.09	0	0.037	1.053
E3	0.127	0	0.001	0
E4	0.09	0	0.001	0
E5	2.63	1.60	0.050	1.200
E6	3.37	1.21	0.060	1.190
E7	14.10	12.85	0.088	1.163
E8	2.34	1.09	0.145	1.050
E9	1.49	0.24	0.030	1.220
E10	0.8	0	0.013	0.788
E11	1.18	0	0.004	1.176
E12	3.89	2.64	0.011	1.239
E13	1.15	0	0.025	1.125
E14	12.05	10.80	0.038	1.212
E15	11.85	10.60	0.038	1.212

5.3.2　前处理池性能

表5.4列出了试验期间所监测15次降雨事件中污染物的事件平均浓度。由表可知,由于降雨事件在季节分布、先行干期天数、降雨强度和降雨持续时间上的高度变化性,污染物在不同降雨事件中的浓度分布也表现出了极大的差异性。例如,浊度分布在19~575 NTU,TSS的浓度范围为45~594 mg/L,TCOD浓度范围为62~367 mg/L,BOD_5浓度范围在4~28.2 mg/L,TN浓度在2.14~11.7 mg/L,TP的浓度范围在0.16~1.71 mg/L,PO_4^{3-}-P的含量在0.01~0.19 mg/L。

经过24小时的沉淀,如表5.5和图5.16所示,绝大多数污染物的浓度都得到了不同程度的消减,特别是浊度、总悬浮物、有机物和总磷。另外,经过在前处理池暂存和沉淀之后,雨水径流中的pH平均值由7.32上升到了7.84,这主要和前处

表 5.4　雨水径流污染物的事件平均浓度 (EMC)

降雨事件	pH	EC (us/cm)	碱度 (mg/L)	浊度 (NTU)	TSS (mg/L)	TCOD (mg/L)	SCOD (mg/L)	BOD$_5$ (mg/L)	TN (mg/L)	NH$_4^+$-N (mg/L)	NO$_3^-$-N (mg/L)	TP (mg/L)
E1	10.0	2699	59	106	100	210	133	23.06	11.7	2.03	3.56	0.57
E2	6.74	229	15	127	229	142	39	4	4.7	0.97	2.50	0.52
E3	7.08	2219	43.4	575	524	367	166	—	11.1	3.51	1.53	1.67
E4	6.96	2160	41.2	312	300	280	139	—	9.54	3.00	1.49	1.39
E5	7.33	1020	35.1	493	594	356	151	11.51	6.16	1.77	0.92	1.71
E6	7.3	1076	34.4	91	272	202	139	28.2	8.9	1.3	0.7	0.3
E7	7.44	280	27	562	407	281	89	39	10.5	1.02	1.20	1.5
E8	6.95	423	42	390	460	134	90	22.86	8.19	1.21	0.78	0.60
E9	7.19	643	62	277	323	231	149	27.73	11.17	1.25	1.59	0.58
E10	6.62	209	18	74	177	84	37	4.49	8.02	2.02	1.39	0.30
E11	7.05	353	29	73	160	121	78	8.07	10.96	2.45	1.63	0.35
E12	7.31	90	12	61	152	62	44	2.81	7.95	1.65	0.87	0.23
E13	7.10	110	15	36	52	65	42	18.21	6.32	1.10	1.06	0.16
E14	7.35	258	45	19	45	130	105	18.73	5.95	0.92	0.55	0.36
E15	7.40	276	57	26	46	145	94	—	2.14	0.90	1.23	0.28

表 5.5　沉淀前和沉淀后的水质参数变化

水质参数	pH	EC (us/cm)	浊度 (NTU)	TSS (mg/L)	TCOD (mg/L)	SCOD (mg/L)	BOD$_5$ (mg/L)	TN (mg/L)	NH$_4^+$-N (mg/L)	NO$_3^-$-N (mg/L)	TP (mg/L)	PO$_4^{3-}$-P (mg/L)
沉淀前	7.32	803	215	256	187	100	17.39	8.22	1.67	1.40	0.70	0.05
沉淀后	7.84	515	27	25	76	59	5.45	6.55	0.95	0.71	0.16	0.05

理池的结构材料相关,前处理池由钢筋水泥混凝土做成,其与雨水径流接触,所释放的硅酸盐使水的 pH 上升。

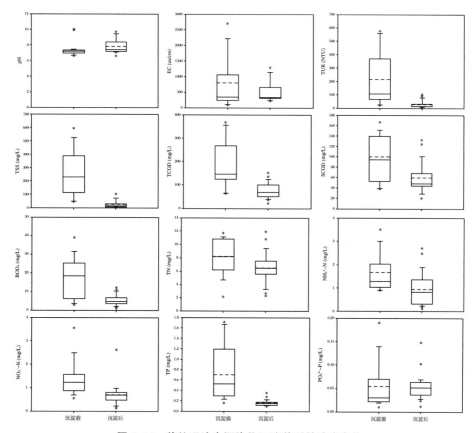

图 5.16 前处理池中污染物沉淀前后的浓度变化

5.3.3 湿地床性能

试验期间,共对 15 次降雨事件的径流过程和污染过程进行了监测。然而,由于本设施能够自动收集初期雨水径流,并经 24 小时沉淀后,由控制系统将其自动泵入湿地床,而无需人为的操作。因此,尽管没有对某些降雨事件的径流过程进行监测,但试验设施依然对该事件的初期雨水径流进行了自动收集与处理。试验期间本设施实际发生的雨水径流收集及处理批次共计 25 次。其中,第 1 至 4 次发生在春季,第 5 至 16 次发生在夏季,第 17~25 次发生在秋季。

环境温度对于污染物的降解及湿地植物的生长发挥着重要作用,试验期间,设施中的水温与环境气温相接近,其中,最高温度为 26 ℃,最低温度为 10 ℃,总体上随着季节气温的变化而变化。

1. pH、碱度和溶解氧

如图 5.17 所示，湿地进水中的 pH 范围为 6.65～9.48（平均值为 7.84），经过 1 天、2 天和 3 天的处理后，出水中 pH 范围分别在 6.44～7.33（平均值为 7.03）、6.52～7.19（平均值为 6.96）和 6.62～7.33（平均值为 7.02）。经过湿地的处理后，pH 得到了降低，特别是在起始的试验阶段，其原因可能在于基质材料所具有的缓冲特性和湿地床内发生的生物化学反应的调节。

与 pH 的变化不同，经湿地处理后，出水中碱度呈现了升高的趋势，并且随着处理时间的增加而增加，由进水中的平均 67 mg/L，逐步增加到 78 mg/L、82 mg/L 和 84 mg/L。根据一些学者的研究，使用木片为基质的生物反应器，通常会导致出水中碱度的上升，其原因和以有机材料为基质的反应器中发生的一些生物化学反应相关。在有机材料参与的反硝化反应、锰还原、铁还原、硫还原和厌氧发酵过程中，产生了 HCO_3^-，从而造成碱度的升高。

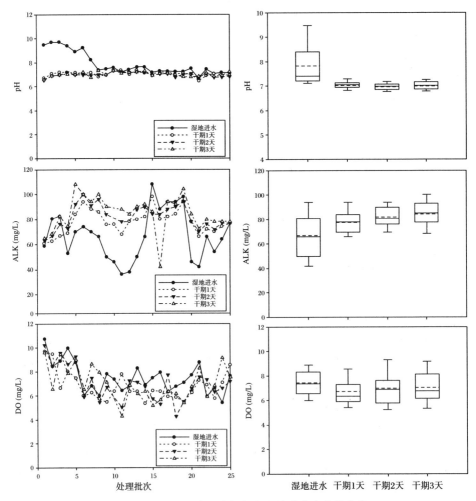

图 5.17　pH、碱度和溶解氧在湿地进出水中的变化

　　湿地中的溶解氧对于污染物的降解途径或降解速度也有着重要影响,如图 5.17 所示,受水温、污染物降解消耗和空气中氧气溶解补充等多种因素的影响,湿地进水和出水中的溶解氧浓度波动较大。溶解氧在湿地进水中的平均浓度为 7.45 mg/L,经过 1 天、2 天和 3 天的处理后,湿地出水中的溶解氧浓度分别为 6.73 mg/L、6.98 mg/L 和 7.04 mg/L。随着处理时间的延长,表现出了逐渐上升的趋势,原因在于,一方面随着处理时间的增加,水中的耗氧物质逐渐被降解,导致对氧的消耗降低,另一方面,设施每天对湿地中的水进行四次循环处理,这一过程也为空气中氧气向水中扩散溶解提供了机会。

2. 浊度和总悬浮物

　　如图 5.18 所示,经过湿地处理后,进水中的浊度被明显的消减,然而总悬浮物却并不总是被降低,尤其是当进水中总悬浮物较低时,甚至出现湿地出水中总悬浮物浓度高于进水的现象。此外,湿地出水的浊度和总悬浮物受进水浓度的影响很小,大致保持了相对的稳定。个别情况下,出现了湿地出水中总悬浮物浓度高于进水的现象,这主要与基质中木片材料的特征有关。当湿地正常运行时,木片因吸收水分而变的松软和易破碎,同时也会在微生物作用下发生分解,进而出现微小的碎屑,随湿地排水而被冲出,成为总悬浮物的一部分。然而,湿地除了使用松木片外,还在其下部使用了浮石作为基质,并占到了基质总量的四分之一。在浮石基质和底部的卵石辅助材料的拦截和过滤作用下,湿地出水的总悬浮物并没有太明显的

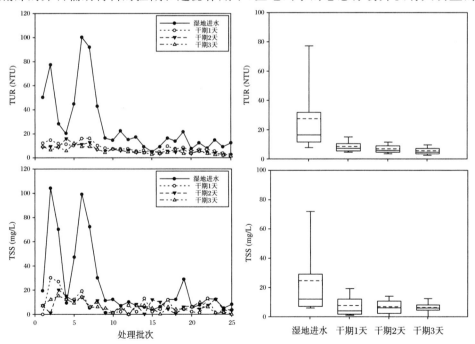

图 5.18　浊度和总悬浮物在湿地进出水中的变化

升高。另外,随处理时间的延长,浊度和总悬浮物的去除只有轻微的提升,这说明绝大部分的颗粒物质经过一天的过滤即能得到去除。

3. 有机物

与前期的小试和中试试验相似,湿地运行过程中,因为有机物的降解释放,而使出水中的 TCOD、SCOD 和 BOD₅ 的浓度增加,并随处理时间的增长而逐渐升高,如图 5.19 所示。然而,随着湿地的持续运行,出水中的有机物浓度逐渐下降,并最终与进水相接近。选择使用木片作为基质材料,一是因其使用后方便处置,二是能够为反硝化反应提供碳源。尽管木片中有机质的释放表现出了快速下降的趋势,但仍有多个研究表明,该类型基质材料可以为反硝化反应提供数年稳定的支持。

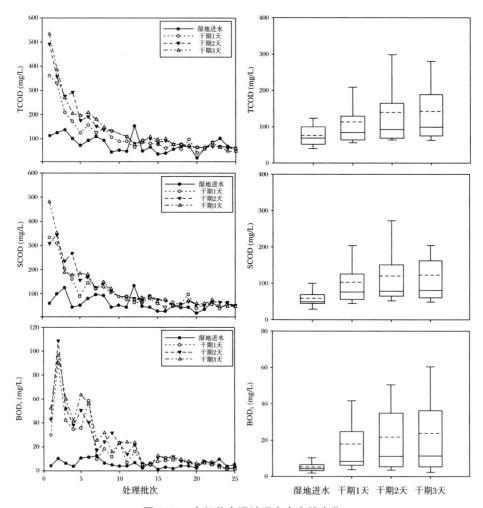

图 5.19　有机物在湿地进出水中的变化

4. 氮

如图 5.20 所示，经湿地处理后，出水中的总氮浓度得到一定程度的降低，并且其变化趋势与进水中的浓度变化相一致，即当进水中浓度高时，出水浓度也高，反之亦然。但氨氮和硝态氮却呈现了不一样的趋势，即不管进水中的浓度如何波动，出水中的含量都保持了相对的稳定。随着处理时间的增加，总氮的消减率分别为 33.3%、33.5 和 36.4%，氨氮的消减率分别为 86.3%、88.4% 和 89.5%，硝态氮的去除率分别为 90.1%、88.7% 和 85.9%。处理时间以及循环次数的增加，并没有使三者的处理效率得到明显的提升。

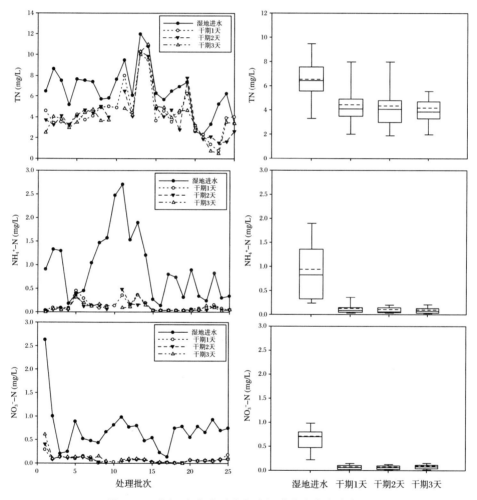

图 5.20　总氮、氨氮和硝态氮在湿地进出水中的变化

湿地中氮去除的主要机理是硝化和反硝化的联立作用，即通过硝化作用将铵盐转化为硝酸盐，再通过反硝化作用将硝酸盐转化为氮气，完成氮的去除。由图 5.21 可以看出，无论是湿地进水还是出水，有机氮都占据了很大一部分的比例，并且被去除的比例较低,相反,氨氮和硝态氮都得到了明显的去除。这说明,湿地中总氮去除率较低的原因,主要是受限于有机氮的去除能力。

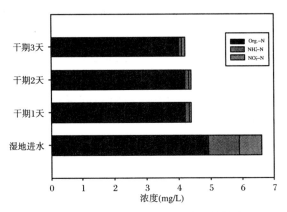

图 5.21　湿地床处理前后氮的形态转化

5. 磷

如图 5.22 所示,试验期间,湿地进水中总磷浓度随降雨事件的不同而变化,出水浓度也表现出类似的趋势,但随着湿地运行时间的增加,出水中总磷浓度逐渐降低,即随着运行时间的增加,湿地对总磷的去除率逐渐提高。因为湿地中磷的去除机理主要是吸附,这一结果也说明湿地基质有足够的吸附位点,能够保证湿地运行更长的寿命。但同一处理批次内,处理时间或循环次数的增加,对磷的去除率的影

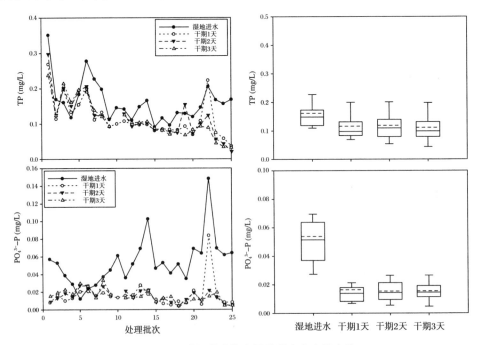

图 5.22　总磷和磷酸盐在湿地进出水中的变化

响有限。经过 1 天、2 天和 3 天的处理,总磷的平均去除率分别为 25%、25% 和 31.3%。对于磷酸盐来说,尽管进水中浓度呈现了较大的变化,但出水浓度相对稳定,并且不随处理时间或循环次数的增加而增加,平均去除率约为 60%。

5.3.4　中试试验和原位试验的处理性能对比

基于道路径流和湿地出水中的污染物浓度,从整个处理系统(前处理池 + 湿地床)的角度,表 5.6 对中试试验和原位试验的污染物去除率进行了统计。可以看出,无论是中试试验还是原位试验,对总悬浮物的去除都达到了约 97% 以上。然而,对有机物的去除,原位试验显示了相对较低的效率,甚至低于单独使用木片作为基质的中试试验,其原因可能在于原位试验的日循环次数为 4 次,而中试试验的日循环次数为 1 次,循环次数的增加,使更多的有机物质从木片材料中被降解排出,从而导致了有机物去除率的降低。

对于总氮来说,原位试验的去除率大约为 47% 左右,低于中试试验的浮石湿地和木片湿地,原因在于原位试验中径流的总氮含量更高。然而,如前所述(图 5.21),相对来说容易被去除的氨氮和硝态氮在总氮中所占的比例却相对较低,因此使总氮呈现了较低的去除率。对于总磷的去除,原位试验的去除率处于中试试验的浮石湿地和木片湿地之间,符合预期。

表 5.6　中试试验和原位试验的特征污染物去除率

研究尺度	水质参数	雨水径流（范围及均值）	去　除　率		
			干期 1 天	干期 2 天	干期 3 天
中试试验（木片）	TSS(mg/L)	46.0~896.0 (318.9)	96.6%	97.3%	97.6%
	TCOD(mg/L)	39.9~507.5 (192.5)	47.5%	40.3%	38.2%
	TN(mg/L)	2.90~13.76 (6.70)	61.0%	62.4%	62.8%
	TP(mg/L)	0.12~1.49 (0.51)	74.5%	78.4%	78.4%

研究尺度	水质参数	雨水径流（范围及均值）	去　除　率		
			干期1天	干期2天	干期3天
中试试验（浮石）	TSS(mg/L)	46.0～896.0（318.9）	99.3%	99.7%	99.6%
	TCOD(mg/L)	39.9～507.5（192.5）	81.7%	83.5%	84.4%
	TN(mg/L)	2.90～13.76（6.70）	56.9%	59.6%	59.7%
	TP(mg/L)	0.12～1.49（0.51）	90.2%	94.1%	94.1%
原位试验	TSS(mg/L)	45～594（256）	97.1%	97.3%	97.6%
	TCOD(mg/L)	62～367（187）	39.1%	25.1%	23.8%
	TN(mg/L)	2.14～11.7（8.22）	46.5%	46.5%	48.9%
	TP(mg/L)	0.16～1.71（0.70）	82.9%	82.9%	84.3%

参 考 文 献

Alloway B J, 1990. Heavy metals in soils[M]. Bishopbriggs: Blackie and Son Ltd..

Ann Y, Reddy K R, Delfino J J, 1999. Influence of chemical amendments on phosphorus immobilization in soils from a constructed wetland[J]. Ecological Engineering, 14 (1): 157-167.

Adriano D C, 2001. Trace elements in terrestrial environments: biogeochemistry, bioavailability and risk of metals[M]. 2nd. New York: Springer.

Aslam M A, Malik M, Baig M A, et al. , 2007. Treatment performances of compost-based and gravel-based vertical flow wetlands operated identically for refinery wastewater treatment in pakistan[J]. Ecological Engineering, 30(1): 34-42.

Austin D, Maciolek D, Davis B, et al. , 2007. Damköhler number design method to avoid clogging of subsurface flow constructed wetlands by heterotrophic Biofilms[J]. Water Science and Technology, 56 (3): 7-14.

Austin D, Nivala J, 2009. Energy requirements for nitrification and biological nitrogen removal in engineered wetlands[J]. Ecological Engineering, 35(2): 184-192.

Abou-Elela S I, Hellal M S, 2012. Municipal wastewater treatment using vertical flow constructed wetlands planted with canna, phragmites and cyprus[J]. Ecological Engineering, 47: 209-213.

Allende K L, Fletcher T D, Sun G, 2012. The effect of substrate media on the removal of arsenic, boron and iron from an acidic wastewater in planted column reactors[J]. Chemical Engineering Journal, 179(1): 119-130.

APHA, AWWA, WEF, 2012. Standard methods for examination of water and wastewater [S]. 185.

Ayza S Ç, Akta ö, Fındık N, et al. , 2012. Effect of recirculation on nitrogen removal in a hybrid constructed wetland system[J]. Ecological Engineering, 40: 1-5.

Bremner J M, Shaw k, 1958. Denitrification in soil. II. factors affecting Denitrification[J]. Journal of Agricultural Science, 51(1): 40-52.

Broadbent F E, Clark F, 1965. Denitrification[M] // Bartholomew W V, Clark F E. Soil nitrogen. Madison: American Society of Agronomy.

Batchelor A, Scott W E, Wood A, 1990. Constructed wetland research programme in south africa [J]. Constructed Wetlands in Water Pollution Control: 373-382.

Breen P F, Chick A J, 1995. Rootzone dynamics in constructed wetlands receiving wastewater a comparison of vertical and horizontal flow systems[J]. Water Science and Technology, 32 (3): 281-290.

Batchelor A, Loots P, 1997. A critical evaluation of a pilot scale subsurface flow wetland: ten years after commissioning[J]. Water Science and Technology, 35(5): 337-343.

Blazejewski R, Murat-Blazejewska S, 1997. Soil clogging phenomena in constructed Wetlands with Subsurface Flow[J]. Water Science and Technology, 35(5): 183-188.

Baveye P, Vandevivere P, Hoyle B L, et al., 1998. Environmental impact and mechanisms of the biological clogging of saturated soils and aquifer materials[J]. Environmental Science and Technology, 28 (2): 123-191.

Behrends L L, 2000. Reciprocating subsurface-flow wetlands for municipal and onsite wastewater treatment [C]. Means J L, Hinchee R E. Wetlands and remediation: an International Conference. Ohio: Battelle Press.

Brooks A S, Rozenwald M N, Geohring L D, et al., 2000. Phosphorus removal by wollastonite: a constructed wetland substrate[J]. Ecological Engineering, 15(1): 121-132.

Braskerud B C, 2003. Clay particle retention in small constructed wetlands [J]. Water Research, 37(16): 3793-3802.

Brix H, Arias C, Johansen N H, 2003. Experiments in a two-stage constructed wetland system: nitrification capacity and effects of recycling on nitrogen removal[J]. Wetlands: Nutrients, Metals and Mass Cycling: 237-257.

Belmont M A, Cantellano E, Thompson S, et al., 2004. Treatment of domestic wastewater in a pilot-scale natural treatment system in central mexico[J]. Ecological Engineering, 23(4): 643-653.

Brix H, Arias C A, 2005. The use of vertical flow constructed wetlands for on-site treatment of domestic wastewater: new danish guidelines[J]. Ecological Engineering, 25(5): 491-500.

Brisson J, Chazarenc F, Bisaillon L A, 2006. Maximizing pollutant removal in subsurface constructed wetlands: should we pay more attention to macrophyte species selection[C]. Proceedings of the 10th International Conference on Wetland Systems for Water Pollution Control. Lisbon, Portugal.

Bulc T G, 2006. Long term performance of a constructed wetland for landfill leachate treatment[J]. Ecological Engineering, 26(4): 365-374.

Bulc, T G, Ojstršsek A, 2008. The use of constructed wetland for dye-rich textile wastewater treatment[J]. Journal of Hazardous Materials, 155(1): 76-82.

Christian J N W, 1990. Reed bed treatment systems: experimental gravel beds at gravesend - the southern water experience[M]. Cooper P F, Findlater B C. Constructed wetlands in water pollution control. Oxford: Pergamon Press.

Cooper P F, Job G D, Green M B, et al., 1996. Reed beds and constructed wetlands for wastewater treatment[M]. Swindon: WRC Publications.

Cottingham P D, Davies T H, Hart B T, 1999. Aeration to promote nitrification in constructed wetland[J]. Environmental Technology, 20(1): 69-75.

Coveney M F, Stites D L, Lowe E F, et al., 2002. Nutrient removal from eutrophic lake water by wetland filtration[J]. Ecological Engineering, 19(2): 141-159.

Chazarenc F, Merlin G, 2005. Influence of surface layer on hydrology and biology of gravel bed vertical flow constructed wetlands[J]. Water Science and Technology, 51(9): 91-97.

Collins B S, Sharitz R R, Coughlin D P, 2005. Elemental composition of native wetland plants in constructed mesocosm treatment wetlands[J]. Bioresource Technology, 96(8): 937-948.

Cao Q, Xie K C, Lv Y K, et al., 2006. Process effects on activated carbon with large specific surface area from corn cob[J]. Bioresource Technology, 97(1): 110-115.

Cooper D, Griffin P, Cooper P F, 2008. Factors affecting the longevity of sub-surface horizontal flow systems operating as tertiary treatment for sewage effluent[J]. Wastewater Treatment, Plant Dynamics and Management in Constructed and Natural Wetlands: 191-198.

Cui L H, Ouyang Y, Chen Y, et al., 2009. Removal of total nitrogen by cyperus alternifolius from wastewaters in simulated vertical-flow constructed wetlands [J]. Ecological Engineering, 35(8): 1271-1274.

Chang J J, Wu S Q, Dai Y R, et al., 2012. Treatment performance of integrated vertical-flow constructed wetland plots for domestic wastewater[J]. Ecological Engineering, 44: 152-159.

Chen Y P, Guerra H B, Min K S, et al., 2012. Operation of the vertical subsurface flow and partly submersed stormwater wetland with an intermittent Recycle[J]. Desalination and Water Treatment, 38: 378-388.

Chen Y, Cheng J, Niu S, et al., 2013. Evaluation of the different filter media in vertical flow stormwater wetland[J]. Desalination and Water Treatment, 51: 4097-4106.

DeBusk T A, Burgoon P S, Reddy K R, 1989. Secondary treatment of wastewater using floating and emergent macrophytes [M] // Hammer D A. Constructed wetlands for wastewater treatment: municipal, agricultural, and industrial. Chelsea: Lewis Publishers.

Droste R L, 1997. Theory and practice of water and wastewater treatment[M]. New York: John Wiley and Sons, Inc..

Davies L C, Carias C C, Novais J M, et al., 2005. Phytoremediation of textile effluents containing azo dye by using phragmites australis in a vertical flow intermittent feeding constructed wetland[J]. Ecological Engineering, 25(5): 594-605.

Dunne E J, Culleton N, O'Donovan G, et al., 2005. Phosphorus retention and sorption by constructed wetland soils in southeast ireland[J]. Water Research, 39(18): 4355-4362.

Dong H, Qiang Z, Li T, et al., 2012. Effect of artificial aeration on the performance of vertical-flow constructed wetland treating heavily polluted river water [J]. Journal of Environmental Sciences, 24(4): 596-601.

Fisher P J, 1990. Hydraulic characteristics of constructed wetlands at richmond, new south wales, australia[J]. Constructed Wetlands in Water Pollution Control: 21-31.

Fleming I R, Rowe R K, Cullimore D R, 1999. Field observations of clogging in a landfill leachate collection system[J]. Canada Geotechnical Journal, 36(4): 685-707.

Furumai H，Balmer H，Boller M，2002. Dynamic behavior of suspended pollutants and particle size distribution in highway runoff[J]. Water Science and Technology，46：413-418.

Fei M，Li J，Ting Z，2010. Reversing clogging in vertical-flow constructed wetlands by backwashing treatment[J]. Advanced Materials Research，129：1064-1068.

Fan J，Liang S，Zhang B，et al.，2013. Enhanced organics and nitrogen removal in batch-operated vertical flow constructed wetlands by combination of intermittent aeration and step feeding strategy[J]. Environmental Science and Pollution Research，20(4)：2448-2455.

Green M，Friedler E，Safrai I，1998. Enhancing Nitrification in vertical-flow constructed wetlands utilizing a passive air pump[J]. Water Research，32(12)：3513-3520.

Gopal B，1999. Natural and constructed wetlands for wastewater treatment：potentials and problems[J]. Water Science and Technology，40(3)：27-35.

Gray S，Kinross J，Read P，et al.，2000. The nutrient assimilative capacity of maerl as a substrate in constructed wetland systems for waste treatment[J]. Water Research，34(8)：2183-2190.

Gervin L，Brix H，2001. Removal of nutrients from combined sewer overflows and lake water in a vertical-flow constructed wetland system[J]. Water Science and Technology，44：171-176.

García J，Rousseau D，Caselles-Osorio A，et al.，2007. Impact of prior physic-chemical treatment on the clogging process of subsurface-flow constructed wetlands：model-based evaluation[J]. Water，Air，and Soil Pollution，185：101-109.

Gross A，Shmueli O，Ronen Z，et al.，2007. Recycled vertical flow constructed wetland (RVSFCW) - a novel method of recycling greywater for irrigation in small communities and households[J]. Chemosphere，66(5)：916-923.

Giraldi D，Vitturi M d M，Iannelli R，2010. FITOVERT：A dynamic numerical model of subsurface vertical flow constructed wetlands[J]. Environmental Modelling and Software，25(5)：633-640.

Grafias P，Xekoukoulotakis N P，Mantzavinos D，et al.，2010. Pilot treatment of olive pomace leachate by vertical-flow constructed wetland and electrochemical oxidation：an efficient hybrid process[J]. Water Research，44(9)：2773-2780.

Hauck R D，1984. Atmospheric nitrogen chemistry，nitrification，denitrification，and their interrelationships[J]. Handbook of Environmental Chemistry，1：105-125.

Haberl R，Perfler R，Mayer H，1995. Constructed wetlands in europe[J]. Water Science and Technology，32(3)：305-315.

Hermansson M，1999. The dlvo theory in microbial adhesion[J]. Biointerfaces，14(1)：105-119.

Higgins J P，Hurd S，Weil C，1999. The use of engineered wetlands to treat recalcitrant wastewaters[C]. Proceedings of the 4th International Conference on Ecological Engineering. Oslo，Norway.

Hallberg K B，Johnson D B，2005. Microbiology of a wetland ecosystem constructed to remediate mine drainage from a heavy metal Mine[J]. Science of the Total Environment, 338 (1): 53-66.

Hunt P G, Poach M E, Liehr S K, 2005. Nitrogen cycling in wetland systems[C]. Dunne E J, Reddy K R, Carton O T. Nutrient management in agricultural watersheds: a wetland solution. Wageningen: Wageningen Academic Publishers.

Hyánková E, Kriška-Dunajský M, Rozkošný M, et al., 2006. The knowledge based on the research of the filtration properties of the filter media and on the determination of clogging causes[C]. Proceedings of the 10th International Conference on Wetland Systems or Water Pollution Control. Lisbon.

Hoover J H, 2009. The arizona water-energy nexus: electricity for water and wastewater services[D]. Arizona: The University of Arizona.

Herrera Melián J A, Martín Rodríguez A J, Araña J, et al., 2010. Hybrid constructed wetlands for wastewater treatment and reuse in the canary Islands [J]. Ecological Engineering, 36(7): 891-899.

Hua G F, Zhu W, Zhao L F, et al., 2010. Clogging pattern in vertical-flow constructed wetlands: insight from a laboratory study[J]. Journal of Hazardous Materials, 180(1): 668-674.

Herouvim E, Akratos C, Tekerlekopoulou A, et al., 2011. Treatment of olive mill wastewater in pilot-scale vertical flow constructed wetlands [J]. Ecological Engineering, 37 (6): 931-939.

Healy M G, Ibrahim T G, Lanigan G J, et al., 2012. Nitrate removal rate, efficiency and pollution swapping potential of different organic carbon media in laboratory denitrification bioreactors[J]. Ecological Engineering, 40: 198-209.

IUPAC, 1985. Standard methods for the classification of pore size[S]. Washington, DC: International Union of Pure and Applied Chemistry.

Johansen N H, Brix H, 1996. Design criteria for a two-stage constructed wetland[C]. Proceedings of the 5th International Conference on Wetland Systems for Water Pollution Control. Vienna: Universität für Bodenkultur Wein.

Johansson L, 1997. The use of leca (Light expanded clay aggregates) for the removal of phosphorus from wastewater[J]. Water Science and Technology, 35(5): 87-93.

Keeney D R, Fillery I R, Marx G P, 1979. Effect of temperature on the gaseous nitrogen products of denitrification in a silt loam soil[J]. Soil Science Society of America Journal, 43 (6): 1124-8.

Kadlec R H, Knight R L, 1996. Treatment wetlands[M]. Boca Raton, Florida: CRC Press/ Lewis Publishers Inc.

Khatiwada N R, Polprasert C, 1999. Assessment of effective specific surface area for free water surface constructed wetlands[J]. Water Science and Technology, 40(3): 83-89.

Kadlec R H, Knight R L, Vymazal J, et al., 2000. Constructed wetlands for pollution control [C]. International water association (IWA) specialist group "use of macrophytes for water pollution control", Scientific and Technical Report Number 8. London: IWA Publishing.

Kivaisi A, 2001. The Potential for constructed wetlands for wastewater treatment and reuse in developing countries: a review[J]. Ecological Engineering, 16(4): 545-560.

Kjeldsen P, Barlaz M A, Rooker A P, et al., 2002. Present and long-term composition of MSW landfill leachate: a review [J]. Environmental Science and Technology, 32 (4): 297-336.

Kassenga G, Pardue J H, Blair S, et al., 2003. Treatment of chlorinated volatile organic compounds in upflow wetland mesocosms[J]. Ecological Engineering, 19(5): 305-323.

Kayser K, Kunst S, 2005. Processes in vertical-flow reed beds: nitrification, oxygen transfer and soil clogging[J]. Water Science and Technology, 51(9): 177-184.

Korkusuz E A, Beklioğlu M, Demirer G N, 2005. Comparison of the treatment performances of blast furnace slag-based and gravel-based vertical flow wetlands operated identically for domestic wastewater treatment in turkey[J]. Ecological Engineering, 24(3): 185-198.

Korkusuz E A, Beklioglu M, Demirer G N, 2007. Use of blast furnace granulated slag as a substrate in vertical flow reed beds: field application[J]. Bioresource Technology, 98(11): 2089-2101.

Kayhanian M, Rasa E, Vichare A, et al., 2008a. Utility of suspended solid measurements for stormwater[J]. Journal of Environmental Engineering, 134(9): 712-721.

Kayhanian M, Stransky C, Bay S, et al., 2008b. Toxicity of Urban Highway runoff with respect to storm duration[J]. Science of the Total Environment, 389: 386-406.

Kadlec R H, Wallace S D, 2009. Treatment wetlands[M]. Florida: CRC Press.

Kadlec R H, Zmarthie L A, 2010. Wetland treatment of leachate from a closed landfill[J]. Ecological Engineering, 36(7): 946-957.

Kayhanian M, Givens B, 2011. Processing and analysis of roadway runoff micro (<20 mm) particles[J]. Journal of Environmental Monitoring, 13(10): 2720-2727.

Knowles P, Dotro G, Nivala J, et al., 2011. Clogging in subsurface-flow treatment wetlands: occurrence and contributing factors[J]. Ecological Engineering, 37(2): 99-112.

Konnerup D, Trang N T D, Brix H, 2011. Treatment of fishpond water by recirculating horizontal and vertical flow constructed wetlands in the tropics[J]. Aquaculture, 313(1): 57-64.

Lin L Y, 1995. Encyclopedia of environmental biology, volume 3: wastewater treatment for inorganics[M]. New York: Academic Press.

Laber J, Haberl R, Shresta R, 1999. Two stage constructed wetland for treating hospital wastewater in nepal[J]. Water Science and Technology, 40(3): 317-324.

Lahav O, Artzi E, Tarre S, et al., 2001. Ammonium removal using a novel unsaturated flow biological filter with passive aeration[J]. Water Research, 35(2): 397-404.

Luederits V, Eckert E, Lange-Weber M, et al., 2001. Nutrient removal efficiency and resource economics of vertical-flow and horizontal-flow constructed wetlands[J]. Ecological Engineering, 18(2): 157-171.

Langergraber G, Haberl R, Laber J, et al., 2003. Evaluation of substrate clogging processes in vertical flow constructed wetlands[J]. Water Science and Technology, 48(5): 25-34.

Leader J W, Reddy K R, Wilkie A C, 2005. Optimization of low-cost phosphorus removal from wastewater using co-treatments with constructed wetlands[J]. Water Science and Technology, 51(9): 283-290.

Loudon Ted L, Bounds Terry R, Converse James C, 2005. Nitrogen removal and other performance factors in recirculating sand filters[C]. 10th National Symposium on Individual and Small Community Sewage Systems. Michigan.

Li L, Li Y, Biswas D K, et al., 2008. Potential of constructed wetlands in treating the eutrophic water: evidence from taihu lakeof china[J]. Bioresource Technology, 99(6): 1656-1663.

Lavrova S, Koumanova B, 2010. Influence of recirculation in a lab-scale vertical flow constructed wetland on the treatment efficiency of landfill leachate [J]. Bioresource Technology, 101(6): 1756-1761.

Li H Z, Wang S, Ye J F, et al., 2011. A practical method for the restoration of clogged rural vertical subsurface flow constructed wetlands for domestic wastewater treatment using earthworm[J]. Water Science and Technology, 63(2): 283-290.

Liu X, Huang S, Tang T, et al., 2012. Growth characteristics and nutrient removal capability of plants in subsurface vertical flow constructed wetlands[J]. Ecological Engineering, 44: 189-198.

McJannet C L, Keddy P A, Pick F R, 1995. Nitrogen and phosphorus tissue concentrations in 41 wetland Plants: a comparison across habitats and functional groups[J]. Functional Ecology, 9(2): 231-238.

Mulder A, van de Graaf A A, Robertson L A, et al., 1995. Anaerobic ammonium oxidation discovered in a denitrifying fluidized bed reactor[J]. FEMS Microbiology Ecology, 16(3): 177-184.

Matagi S V, Swai D, Mugabe R, 1998. A review of heavy metal removal mechanisms in wetlands[J]. African Journal for Tropical Hydrobiology and Fisheries, 8(1): 23-35.

Maurer M, abramovich D, Siegrist H, et al., 1999. kinetics of biologically induced phosphorus precipitation in wastewater treatment[J]. Water Research, 33(2): 484-493.

Ma M, Khan S, Li S, et al., 2002. First flush phenomena for highways: how it can be meaningfully defined[C]. Proceedings of the 9th international conference on urban drainage. Portland, Oregano.

Moreno C, Farah bakhshazad N, Morrison G M, 2002. Ammonia removal from oil refinery effluent in vertical upflow macrophyte column systems[J]. Water, Air and Soil Pollution, 135: 237-247.

Metcalf, Eddy, 2003. Wastewater engineering: treatment and reuse[M]. 4th. New York: McGraw-Hill.

Meuleman A F M, Logtestijn R V, Rijs G B J, et al., 2003. Water and mass budgets of a vertical-flow constructed wetland used for wastewater treatment[J]. Ecological Engineering, 20(1): 31-44.

Mays D C, Hunt J R, 2005. Hydrodynamic aspects of particle clogging in porous media[J]. Environmental Science and Technology, 39(2): 577-584.

Morel A, Diener S, 2006. Greywater management in low and middle-income countries[M]. Sandec (Water and Sanitation in Developing Countries) at Eawag (Swiss Federal Institute of Aquatic Science and Technology), Dübendorf, Switzerland.

Morari F, Giardini L, 2009. Municipal wastewater treatment with vertical flow constructed wetlands for irrigation reuse[J]. Ecological Engineering, 35(5): 643-653.

Murphy C, Cooper D, Williams E, 2009. Reed bed refurbishment: a sustainable approach[C]. 3rd International Symposium on Wetland Pollutant Dynamics and Control (WETPOL). Barcelona, Spain.

Mizuta K, Shimada M, 2010. Benchmarking energy consumption in municipal wastewater treatment plants in japan[J]. Water Science and Technology, 62(10): 2256-2262.

Noller B N, Woods P H, Ross B J, 1994. Case studies of wetland filtration of mine waste water in constructed and naturally occurring systems in northern australia[J]. Water Science and Technology, 29(4): 257-266.

Nguyen L, 2001. Accumulation of organic matter fractions in a gravel-bed constructed wetland [J]. Water Science and Technology, 44: 281-287.

Nelson E A, Specht W L, Bowers J A, et al., 2002. Constructed wetlands for removal of heavy metals from NPDES outfall effluent[C]. Proceedings of the 2002 National Conference on Environmental Science and Technology. North Carolina: Greensboro.

Njau K N, Mina R J, Katima J H, 2003. Pumice soil: a potential wetland substrate for treatment of domestic wastewater[J]. Water Science and Technology, 48(5): 85-92.

Nivala J, Hoos M, Cross C, et al., 2007. Treatment of landfill leachate using an aerated, horizontal subsurface-flow constructed wetland[J]. Science of the Total Environment, 380 (1): 19-27.

Nivala J A, Rousseau D P L, 2009. Reversing clogging in subsurface-flow constructed wetlands by hydrogen peroxide treatment: two case studies[J]. Water Science and Technology, 59 (10): 2037-2046.

Nivala J, Knowles P, Dotro G, et al., 2012. Clogging in subsurface-flow treatment wetlands: measurement, modeling and management[J]. Water Research, 46(6): 1625-1640.

Paul E A, Clark F E, 1996. Soil microbiology and biochemistry[M]. 2nd. San Diego, California: Academic Press.

Platzer C, Mauch K, 1997. Soil clogging in vertical flow reed beds: mechanisms, parameters, consequences and solutions[J]. Water Science and Technology, 35(5): 175-182.

Pardue J H, Kassenga G, Shin W S, 2000. Design approaches for chlorinated VOC treatment wetland[C]. Means J L, Hinchee R E. Wetlands and Remediation: an International Conference. Columbus: Battelle Press.

Pant H K, Reddy K R, Lemon E, 2001. Phosphorus retention capacity of root bed media of sub-surface flow constructed wetlands[J]. Ecological Engineering, 17(4): 345-355.

Philippi L S, Sezerino P H, Bento A P, et al., 2004. Vertical flow constructed wetlands for nitrification of anaerobic pond effluent in southern Brazil under Different Loading Rates [C]. Proceedings of 9th International Conference on Wetland Systems for Water Pollution Control. Avignon, France.

Pedescoll A, Uggetti E, Llorens E, et al., 2009. Practical method based on saturated hydraulic conductivity used to assess clogging in subsurface flow constructed wetlands[J]. Ecological Engineering, 35(8): 1216-1224.

Prost-Boucle S, Molle P, 2012. Recirculation on a single stage of vertical flow constructed wetland: treatment limits and operation modes[J]. Ecological Engineering, 43: 81-84.

Reddy K R, Patrick W H, 1984. Nitrogen transformations and loss in flooded soils and sediments[J]. CRC Critical Reviews in Environmental Control, 13(4): 273-309.

Russell J M, Van Oostrom A J, Lindsey S B, 1994. Denitrifying sites in constructed wetlands treating agricultural industry waste: a note[J]. Environmental Technology, 15(1): 95-99.

Robertson W D, Cherry J A, 1995. In site denitrification of septic-system nitrate using reactive porous media barriers: field trials[J]. Ground Water, 33(1): 99-111.

Richardson C J, Qian S S, Craft C B, et al., 1997. Predictive models for phosphorus retention in wetlands[J]. Wetlands Ecology and Management, 4(3): 159-175.

Roger S, Montrejaud-Vignoles M, Andral M C, et al., 1998. Mineral, physical and chemical analysis of the solid matter carried by motorway runoff water[J]. Water Research, 32(4): 1119-1125.

Reddy K R, Kadlec R H, Flaig E, et al., 1999. Phosphorus assimilation in streams and wetlands: a review[J]. Critical Reviews in Environmental Science and Technology, 29(1): 83-146.

Rhue R D, Harris W G, 1999. Phosphorus Sorption/desorption reactions in soils and sediments [C]. Reddy K R, O'Connor G A, Schelske C L. Phosphorus biogeochemistry in subtropical ecosystems. Florida: CRC Press.

Russell R A, Holden P J, Wilde K L, et al., 2003. Demonstration of the use of scenedesmus and carteria biomass to drive bacterial sulfate reduction by desulfovibrio alcoholovorans isolated from an artificial wetland[J]. Hydrometallurgy, 71(1): 227-234.

Radcliffe J C, 2004. Water recycling in australia[R]. Australian Academy of Technological Sciences and Engineering. Parkville, Victoria.

Robertson W D, Ford G I, Lombardo P S, 2005. Wood-based filter for nitrate removal in septic systems[J]. American Society of Agricultural Engineers, 48(1): 121-128.

Rousseau D P L, Griffin P, Vanrolleghem P A, et al., 2005. Model study of short-term dynamics of secondary treatment reed beds at saxby (leicestershire, UK) [J]. Journal of Environmental Science and Health, Part A, 40(6): 1479-1492.

Robertson W D, Vogan J L, Lombardo P S, 2008. Denitrification rates in a 15-year-old permeable reactive barrier treating septic system nitrate[J]. Ground Water Monitoring and Remediation, 28(3): 65-72.

Ruane E M, Murphy P N C, Healy M G, et al., 2011. On-farm treatment of dairy soiled water using aerobic woodchip filter[J]. Water Research, 45(20): 6668-6676.

Ruane E M, Murphy P N C, Clifford E, et al., 2012. Performance of woodchip filter to treat daily soiled water[J]. Journal of Environmental Management, 95(1): 49-55.

Seidel K, 1966. Reinigung von gewässern durch höhere pflanzen[J]. Naturwissenschaften, 53 (12): 289-297.

Stumm W, and Morgan J, 1981. Aquatic Chemistry[M]. 2nd. New York: John Wiley and Sons.

Sansalone J J, Buchberger S G, 1997. Partitioning and first flush of metals in urban roadway stormwater[J]. Journal of Environmental Engineering, 123(2): 134-143.

Sakadevan K, Bavor H J, 1998. Phosphate adsorption characteristics of soils, slags and zeolite to be used as substrates in constructed wetland systems[J]. Water Research, 32(2): 393-399.

Scholz M, Martin R J, 1998. Control of bio-regenerated granular activated carbon by spreadsheet modeling[J]. Journal of Chemical Technology and Biotechnology, 71 (3): 253-261.

Sun G, Gray K R, Biddlestone A J, et al., 1999. Treatment of agricultural wastewater in a combined tidal flow-downflow reed bed system[J]. Water Science and Technology, 40(3): 139-146.

Schipper L A, Vojvodic-Vukovic M, 2001. Five years of nitrate removal, denitrification, and carbon dynamics in a denitrification wall[J]. Water Research, 35(14): 3473-3477.

Scholz M, Xu J, 2002. Performance comparison of experimental constructed wetlands with different filter media and macrophytes treating industrial wastewater contaminated with lead and copper[J]. Bioresource Technology, 83(2): 71-79.

Sliekers A O, Derwort N, Gomez J L C, et al., 2002. Completely autotrophic nitrogen remoal over nitrite in one single reactor[J]. Water Research, 36(10): 2475-2482.

Scholz M, 2003. Performance predictions of mature experimental constructedwetlands which treat urban water receiving high loads of lead and copper[J]. Water Research, 37(6): 1270-1277.

Sun G, Gray K R, Biddlestone A J, et al., 2003. Effect of effluent recirculation on the performance of a reed bed system treating agricultural wastewater[J]. Process Biochemistry, 39(3): 351-357.

Scholz M, 2004. Stormwater quality associated with a silt trap (Empty and Full) discharging into an urban watercourse in scotland[J]. International Journal of Environmental Studies, 61 (4): 471-483.

Sansalone J J, Cristina C M, 2004. First flush concepts for suspended and dissolved solids in small impervious watersheds [J]. Journal of Environmental Engineering, 130 (11): 1301-1314.

Scholz M, Trepel M, 2004. Water quality characteristics of vegetated groundwater-fed ditches in a riparian peatland[J]. Science of the Total Environment, 332(1): 109-122.

Scholz M, Morgan R, Picher A, 2005. Stormwater resource development and management in glasgow: two case studies[J]. International Journal of Environmental Studies, 62(3): 263-282.

Sun G, Zhao Y, Allen S, 2005. Enhanced removal of organic matter and ammoniacal-nitrogen in a column experiment of tidal flow constructed wetland system [J]. Journal of Biotechnology, 115(2): 189-197.

Sheoran A S, Sheoran V, 2006. Heavy metal removal mechanism of acid mine drainage in wetlands: A critical review[J]. Minerals Engineering, 19(2): 105-116.

Suliman F, French H K, Haugen L E, et al. , 2006. Change in flow and transport patterns in horizontal subsurface flow constructed wetlands as a result of biological growth [J]. Ecological Engineering, 27(2): 124-133.

Seo D C, Hwang S H, Kim H J, et al. , 2008. Evaluation of 2- and 3-stage combinations of vertical and horizontal flow constructed wetlands for treating greenhouse wastewater[J]. Ecological Engineering, 32(2): 121-132.

Sklarz M Y, Gross A, Yakirevich A, et al. , 2009. A recirculating vertical flow constructed wetland for the treatment of domestic wastewater[J]. Desalination, 246: 617-624.

Stefanakis A I, Tsihrintzis V A, 2009. Performance of pilot-scale vertical flow constructed wetlands treating simulated municipal wastewater: effect of various design parameters[J]. Desalination, 248: 753-770.

Schipper L A, Cameron S C, Warneke S, 2010. Nitrate removal from three different effluents using large-scale denitrification beds[J]. Ecological Engineering, 36(11): 1552-1557.

Saeed T, Sun G, 2011. A comparative study on the removal of nutrients and organic matter in wetland reactors employing organic media[J]. Chemical Engineering Journal, 171(2): 439-447.

Saeed T, Afrin R, Muyeed A A, et al. , 2012. Treatment of tannery wastewater in a pilot-scale hybrid constructed wetland system in bangladesh[J]. Chemosphere, 88(9): 1065-1073.

Stefanakis A I, Tsihrintzis V A, 2012. Effects of loading, resting period, temperature, porous media, vegetation and aeration on performance of pilot-scale vertical flow constructed wetlands[J]. Chemical Engineering Journal, 181-182: 416-430.

Tanner C C, Sukias J P S, Upsdell M P, 1998. Organic matter accumulation and maturation of gravel bed constructed wetlands treating dairy farm wastewaters[J]. Water Research, 32(10): 3046-3054.

Tanner C C, Kadlec R H, Gibbs M M, et al. , 2002. Nitrogen processing gradients in subsurface-flow treatment wetlands-Influence of wastewater characteristics[J]. Ecological Engineering, 18(4): 499-520.

Tanner C C, Kadlec R H, 2003. Oxygen flux implications of observed nitrogen removal rates in subsurface-flow treatment wetlands[J]. Water Science and Technology, 48(5): 191-198.

Tufenkji N, 2007. Modelling microbial transport in porous media: traditional approaches and recent developments[J]. Advances in Water Resource, 30(6): 1455-1469.

Torrens A, Molle P, boutin C, et al., 2009. Removal of bacterial and viral indicators in vertical flow constructed wetlands and intermittent sand filters[J]. Desalination, 246: 169-178.

Tunçsiper B, 2009. Nitrogen removal in a combined vertical and horizontal subsurface-flow constructed wetland system[J]. Desalination, 247: 466-475.

Turon C, Comas J, Poch M, 2009. Constructed wetland clogging: a proposal for the integration and reuse of existing knowledge[J]. Ecological Engineering, 35(12): 1710-1718.

Thullner M, 2010. Comparison of bioclogging effects in saturated porous media within one- and two-dimensional flow systems[J]. Ecological Engineering, 36(2): 176-196.

US EPA, 1993. Manual: nitrogen Control[S]. Washington, DC: United States Environmental Protection Agency.

UN-HABITAT, 2008. Constructed wetlands manual[M]. Nairobi: United Nations Human Settlements Programme (UN-HABITAT).

van Oostrom A J, Cooper R N, 1990. Meat processing effluent treatment in surface flow and gravel bed constructed wastewater wetlands[J]. Constructed Wetlands in Water Pollution Control: 321,321a,322-332.

Vymazal J, 1995. Algae and element cycling in wetlands[M]. Michigan: Lewis Publishers.

Vymazal J, Brix H, Cooper P F, et al., 1998. Constructed wetlands for wastewater treatment in europe[M]. Leiden: Backhuys Publishers.

Vymazal J, Dusek J, Kvet J, 1999. Nutrient uptake and storage by plants in constructed wetlands with horizontal subsurface flow: a comparative study[C]. Nutrient cycling and retention in natural and constructed wetlands, Backhuys Publishers. Leiden, The Netherlands.

Vaze J, Chiew F H S, 2004. Nutrient loads associated with different sediment sizes in urban stormwater and surface pollutants[J]. Journal of Environmental Engineering, 130(4): 391-396.

Vymazal J, 2006. Horizontal sub-surface flow and hybrid constructed wetlands systems for wastewater treatment[J]. Ecological Engineering, 25(5): 478-490.

Vymazal J, 2007. Removal of nutrients in various types of constructed wetlands[J]. Science of the Total Environment, 380(1): 48-65.

Vymazal J, Křopfelová L, 2011. A three-stage experimental constructed wetland for treatment of domestic sewage: first 2 years of operation[J]. Ecological Engineering, 37(1): 90-98.

Vázquez M A, de la Varga D, Plana R, et al., 2013. Vertical flow constructed wetland treating high strength wastewater from swine slurry composting[J]. Ecological Engineering, 50: 37-43.

Watson J T, Reed S C, Kadlec R H, et al., 1989. Performance expactations and loading rates for constructed wetlands[M]//Hammer D A. Constructed Wetlands for Wastewater

Treatment: Municipal, industrial, and agricultural. Michigan: Lewis Publishers.

Walker D J, Hurl S, 2002. The reduction of heavy metals in a storm water wetland[J]. Ecological Engineering, 18(4): 407-414.

Winter K J, Goetz D, 2003. The impact of sewage composition on the soil clogging phenomena of vertical flow constructed wetlands[J]. Water Science and Technology, 48(5): 9-14.

Wiebner A, Kappelmeyer U, Kuschk P, et al., 2005. Influence of the redox condition dynamics on the removal efficiency of a laboratory-scale constructed wetland[J]. Water Research, 39(1): 248-256.

Wallace S D, Higgins J P, Crolla A M, et al., 2006. High-rate ammonia removal in aerated engineered wetlands[C]. Proceedings of the 10th International Conference on Wetland Systems for Water Pollution Control. Lisbon, Portugal.

Wallace S, Knight R L, 2006. Small scale constructed wetland treatment systems: feasibility, design criteria and o & m requirements[M]. London: Intl. Water Assn..

Wood J, Fernandez G, Barker A, et al., 2007. Efficiency of reed beds in treating dairy wastewater[J]. Biosystems Engineering, 98(4): 455-469.

Wang R, Korboulewskya N, Prudentb P, et al., 2009. Can vertical-flow wetland systems treat high concentrated sludge from a food industry? A mesocosm experiment testing three plant species[J]. Ecological Engineering, 35(2): 230-237.

Wang R, Korboulewsky N, Prudent P, et al., 2010. Feasibility of using an organic substrate in a wetland system treating sewage sludge: impact of plant species [J]. Bioresource Technology, 101(1): 51-57.

Warnekea S, Schippera L A, Bruesewitzb D A, et al., 2011. Rates, controls and potential adverse effects of nitrate removal in a denitrification bed[J]. Ecological Engineering, 37 (3): 511-522.

Wang R, Baldy V, Périssol C, et al., 2012. Influence of plants on microbial activity in a vertical-downflow wetland system treating waste activated sludge with high organic matter concentrations[J]. Journal of Environmental Management, 95: S158-S164.

Yao K M, Habibian M T, O'Melia C R, 1971. Water and waste water filtration: concepts and applications[J]. Environmental Science and Technology, 5(11): 1105-1112.

Younger P L, Banwart S A, Hedin R, 2002. Mine water: hydrology, pollution, remediation [M]. London: Kluwer Academic Publishers.

Yalcuk A, Ugurlu A, 2009. Comparison of horizontal and vertical constructed wetland systems for landfill leachate treatment[J]. Bioresource Technology, 100(9): 2521-2526.

Yalcuk A, Pankdil N B, Turan S Y, 2010. Performance evaluation on the treatment of olive mill waste water in vertical subsurface flow constructed wetlands[J]. Desalination, 262: 209-214.

Zurayk R, Nimah M, Geha Y, et al., 1997. Phosphorus retention in the soil matrix of constructed wetlands[J]. Communications in Soil Science and Plant Analysis, 28: 521-535.

Zhu T, Maehlum T, Jenssen P D, et al., 2003. Phosphorus sorption characteristics of a lightweight aggregate[J]. Water Science and Technology，48(5)：93-100.

Zamani A，Maini B，2009. Flow of dispersed particles through porous media：deep bed filtration[J]. Journal of Petroleum Science and Engineering，69：71-88.

Zhao L F，Zhu W，Tong W，2009. Clogging processes caused by biofilm growth and organic particle accumulation in lab-scale vertical flow constructed wetlands [J]. Journal of Environmental Science，21(6)：750-757.

Zurita F，Anda J D，Belmont M A，2009. Treatment of domestic wastewater and production of commercial flowers in vertical and horizontal subsurface-flow constructed wetlands[J]. Ecological Engineering，35(5)：861-869.

Zurita F，Anda J D，Belmont M A，2009. Treatment of domestic wastewater and production of commercial flowers in vertical and horizontal subsurface-flow constructed wetlands[J]. Ecological Engineering，35(5)：861-869.

Zapater M，Gross A，Soares M I M，2011. Capacity of an on-site recirculating vertical flow constructed wetland to withstand disturbances and highly variable influent quality [J]. Ecological Engineering，37(10)：1572-1577.

Zhang C B，Liu W L，Wang J，et al.，2012. Effects of plant diversity and hydraulic retention time on pollutant removals in vertical flow constructed wetland mesocosms[J]. Ecological Engineering，49：244-248.

Zhu D，Sun C，Zhang H，et al.，2012. Roles of vegetation，flow type and filled depth on livestock wastewater treatment through multi-level mineralized refuse-based constructed wetlands[J]. Ecological Engineering，39：7-15.